育 儿 心 理

读懂孩子的心

如何不惩罚，

不娇纵地有效管教孩子，

育儿是一场修行，

养的是孩子，

修的却是我们自己！

张小娟 编著

中国出版集团
中译出版社

图书在版编目（CIP）数据

育儿心理学：读懂孩子的心：智听版 / 张小娟编著.
—北京：中译出版社，2020.1
ISBN 978 - 7 - 5001 - 6170 - 7

Ⅰ.①育⋯ Ⅱ.①张⋯ Ⅲ.①儿童心理学
Ⅳ.①B844.1

中国版本图书馆 CIP 数据核字（2020）第 016173 号

育儿心理学：读懂孩子的心：智听版

出版发行／中译出版社
地　　址／北京市西城区车公庄大街甲 4 号物华大厦 6 层
电　　话／（010）68359376　68359303　68359101　68357937
邮　　编／100044
传　　真／（010）68358718
电子邮箱／book@ctph.com.cn

策划编辑／马　强　田　灿　　　规　格／880 毫米×1230 毫米　1/32
责任编辑／范　伟　吕百灵　　　印　张／6
封面设计／泽天文化　　　　　　字　数／135 千字
印　　刷／山东汇文印务有限公司　版　次／2020 年 7 月第 1 版
经　　销／新华书店　　　　　　　印　次／2020 年 7 月第 1 次

ISBN 978 - 7 - 5001 - 6170 - 7　　　定价：32.00 元

前　言

　　孩子是家庭的未来，是父母生命的延续。对于如何教育孩子，相信每位家长都有自己的心得。而想要把孩子教育好，教育方式至关重要。有位母亲对她儿子的教育方式很有借鉴意义：她从来不会监督孩子做功课，也从来不给孩子讲什么大道理，但是她每天下班回家的时候，都会和孩子聊会儿天，每次聊天都会问孩子四个问题：

　　学校有什么好事发生吗？

　　今天你有什么好的表现吗？

　　今天你有什么收获吗？

　　你有什么需要妈妈帮忙的吗？

　　这四个问题看似非常简单，却蕴藏了丰富的含义：

　　第一个问题是在调查孩子的价值观，了解在儿子的心里，哪些是好的，哪些是不好的；第二个问题是在鼓励孩子，增强孩子的自信心；第三个问题是让孩子有明确的目标，知道自己具体学到了什么东西；第四个问题有两层含义：一是妈妈很关心你；二是学习是你自己的事情。这样简简单单的四个问题，不仅包含了这位母亲对孩子无尽的关爱，而且还取得了非常良好的效果。

　　毋庸置疑，天下所有的父母都爱自己的孩子，但是很多父母爱孩子的方式并不恰当。不少家长把爱的方式当成了爱的本身，比如给孩子最好的东西吃、最好的衣服穿，等等。而且家长的爱常常是有条件的，比如会承诺这次考到全班第一名的话，就给买什么什么，等等。

　　爱是一个生命喜欢另一个生命的感情，是一种平等的关系，是无条件的、一种整体的接纳，是要让对方接收到的。其实，要做一个合格的家长并不难，只要掌握了教育孩子的心理学，能读懂孩子的心，教育就是易如反掌的事情了。

作者

目　录

第十章 破窗效应：细节决定成败

第一章
罗森塔尔效应：给孩子积极的暗示

什么叫罗森塔尔效应

"罗森塔尔效应"又称"期待效应"，是暗示的一种表现。暗示是人的情感和观念不自觉地接受自己爱的人、钦佩的人、信任的人和崇拜的人的影响。暗示对于孩子的成长非常重要，积极的暗示能够让孩子具有积极向上的动力，美国著名心理学家罗森塔尔曾做过这样一个试验：

罗森达尔把一群小白鼠随机地分成 A 组和 B 组，告诉 A 组的饲养员说：这是一组非常聪明的老鼠；同时又对 B 组的饲养员说：这一组的老鼠智力非常一般。几个月之后，教授对这两组的老鼠进行穿越迷宫的测试，发现 A 组的老鼠竟然真的比 B 组的老鼠聪明，它们能够先走出迷宫并找到食物。

罗森塔尔教授从这个游戏中得到了启发，他想这种效应在人的身上能不能发生呢？于是他来到了一所普通中学，在一个班里随便地走了一趟，然后就在学生名单上圈了几个名字，告诉他们的老师说，这几个学生智商很高，很聪明。过了一段时间，教授又来到这所中学，奇迹发生了，那几个被他选出的学生真的成了班上的佼佼者。

为什么会出现这种现象呢？正是"暗示"这一神奇的魔力在发挥作用。

每个人在生活中都会接受这样或那样的心理暗示，有些暗示是积极的，有些暗示是消极的。好的暗示让人积极向上，而消极的暗示则会打击人的信心，磨灭人们奋斗的激情。暗示在孩子的成长过程中发挥着极其重要的作用，特别是来自父母的暗示。父母是孩子最喜欢、最信赖、最可依靠的人，也是施加心理暗示最有效的人。如果父母长期对孩子施加消极和不良的心理暗示，就会使孩子的情绪受到影响，严重的甚至会影响其心理健康。

萌萌今年4岁，问他将来想干什么。他非常果断地说："我将来想当博士。"一个周末的下午，他用纸做了一顶博士帽，把它戴在头上，兴奋地对着妈妈大喊："妈妈，您看我像博士吗？"妈妈说："还真像，我儿子是博士了。"边说边给萌萌拍了张照片。从那以后，萌萌开始用一个博士的标准来要求自己，就连走路的姿势也变得斯文起来了，仿佛真的当上了博士。

赞美、信任和期待具有一种魔力，它能改变孩子的行为，当孩子获得父母的信任和赞美时，他便觉得获得了支持，自我价值得到增强，变得自信、自尊，充满一种积极向上的动力。为了不让信任自己的人失望，他会尽力达到对方的期待，从而维持这种支持的连续性，这就是暗示的作用。

积极的暗示成就孩子

生活中，父母一个鼓励的眼神、一句无心的话，就会在不知不觉间对孩子产生或积极或消极的暗示。这些暗示对孩子性格的形成、学习和生活习惯的养成以及意志品德等方面的形成都会起到不可低估的作用。很多时候，积极的暗示更好过说服教育，起到的效果更好。积极的暗示不仅有助于融洽父母与孩子之间的关系，对孩子性格的形成也有着潜移默化的影响。

王女士的儿子小乐今年10岁，是个调皮蛋，学习不好，成绩很差，王女士经常被他的班主任请到学校去。打也打了，骂也骂了，苦口婆心找儿子谈话，所有的方法都用尽了，可是一点儿用也没有，儿子依然我行我素。王女士为此伤透了脑筋。

有一次，王女士邀请朋友来家里玩，其中一位朋友问起小乐的表现。这时，小乐正在房间里写作业，听到妈妈的朋友在问他的情况，就屏住呼吸，竖起耳朵听着，他其实最怕这些叔叔阿姨打听他的情况，他想自己平时表现那么不好，妈妈肯定会在这些阿姨面前数落自己一番的。看见儿子的表情，王女士灵机一动，她并没有在客人面前说自己儿子的不是，而是对那位朋友说："我儿子很听话，很有自觉性，从不调皮捣蛋，他的事情他都能自己做好，很少让我操心的。"小乐听到妈妈的话，面红耳赤，又是高兴又是难过，心里很不是滋味，他在心里暗暗对自己说，一定要好好学习，绝不能让妈妈失望。从此以后，小乐发奋努力，改变自己，成绩逐步上升，期末考试的时候，居然考了全班第三名。

小乐的改变，正是妈妈的积极暗示起了作用。妈妈对小乐的赞美和肯定，使小乐的内心受到震撼：原来在妈妈的心目中，自己是这样优秀，如果自己还跟以前一样，那不是辜负妈妈的期望了吗？所以说，积极的暗示比说服教育更有效果。

生活中，有些父母常常当着孩子的面对客人说"我们家这个孩子，整天就知道贪玩，对学习一点儿也不上心，成绩在班上是倒数""我们家的这个调皮鬼呀，天生就是笨，除了玩什么也不会"等诸如此类的话。言者无心，听者有意。在父母看来，这些话可能也就是说说而已，但在孩子的心里，这些话却是不小的伤害，他可能会这样认为：原来，在爸爸妈妈眼里，我就是这样的一个人。这些话让孩子觉得沮丧、挫败，对孩子是一种不可低估的伤害。久而久之，孩子就真的变得贪玩、不爱学习了。还经常有父母这样说："我和孩子爸爸都不喜欢说话，孩子就像我们俩一样。"结果孩子真的不爱说话了。其实，孩子不爱说话未必是父母的遗传，在很大程度上是家长先否定了孩子的表达能力。

中国人喜欢谦虚，很多家长在和朋友或者老师聊天的时候，都不好意思直接夸自己的孩子，总喜欢揭孩子的短像"这个孩子不听话，就知道玩"，等等。孩子听了会很不舒服，心灵受到打击，导致孩子产生自卑心理。其实你大可以把孩子好的一面骄傲地展示给别人。告诉他人"我家的孩子经常得到老师的表扬""我的孩子书法获奖了""我的孩子很勤快，很孝顺，经常帮我做家务""我的孩子很懂事"等，哪怕孩子并非你所说的那么好，但是在你夸过之后，孩子就会把你的话放在心上，并将你的话作为自己努力的标准。

知心姐姐卢勤说过这样一句话：你希望你的孩子是怎么样的一个人，孩子一有这方面的优点，你就要不失时机地夸奖，狠狠地夸奖，哪怕是一丁点儿的优点，逮着机会就夸。经常给孩子这方面的心理暗示，孩子慢慢就会往这方面发展。而一味地批评、指责孩子，孩子就会把你的批评当成评价自己的标准，觉得自己真的就是那样的人。

积极的心理暗示，就像一阵润物无声的细雨，悄悄滋润着孩子稚嫩的心灵，会在不知不觉中改变孩子的行为举止，帮助孩子养成良好的行为习惯，塑造优良的品性。

每个人的人生都不是一帆风顺的，总会碰到这样或那样的困难，跌倒并不可怕，可怕的是跌倒了没有站起来的勇气。从小给孩子以积极的暗示，给孩子摔倒再爬起来的勇气，会对孩子的心理和心智产生良好的作用。

有这样一个故事：

有两位妈妈分别带着自己的孩子在公园里玩，在孩子追逐嬉戏的过程中，两个兴奋不已的孩子都摔倒了。

琳琳的妈妈赶紧跑过去，抱起孩子心疼地说："宝贝，摔疼了吧！这草地真滑真坏，专摔我们家宝宝！"琳琳本来没有哭，但听到妈妈的话以后，马上像受了莫大委屈似的哇哇大哭。

静静的妈妈看见孩子摔倒以后正紧张地回头看她，立即自己也轻轻"摔了一跤"，还就地打了个滚，仰面朝天做出很享受的样子说："草地像块大毯子，好舒服啊，躺在上面还可以闻到花的香味呢！"静静欢快地笑了，站起来，又倒下去一次，以为这是妈妈在跟她玩游戏呢。

同样是摔跤，为什么琳琳显得脆弱娇气？静静却表现得若无其事呢？这就跟两位妈妈不同的暗示有关。琳琳的妈妈紧张惶恐的态度在暗示孩子，跌倒了是很痛的，"点醒"了孩子疼痛不安的感觉，这就是消极的暗示；而静静的妈妈不但以泰然的态度感染了孩子，暗示她"摔跤没有什么了不起"，还让孩子模仿她的行为，学会了"跌倒了也能换个角度看世界"的积极态度。

教孩子以平常心

人生不如意之事十有八九，淡看人世风雨、享受生活的美好才是幸福的人生。积极的暗示，能让孩子拥有一个好的心态，勇敢地面对生活中的挫折，让孩子对未来充满信心，即使碰到困难，也能够乐观地面对。人生的幸福感，其实并不是因为你拥有多大的成就，而是对生活的体验有多深。教孩子以平常心面对纷繁的人生，对于孩子的成长是非常重要的，关乎孩子一生的幸福。作为父母，应该用积极乐观的态度影响孩子："如果这个困难我都能克服，以后还有什么困难是我不能克服的呢？""我只是一个被上帝啃过一口的苹果。"外出的时候，下雨了没带伞，与其索然无味地等待，不如带着孩子观赏雨中风景，体验雨中漫步的乐趣；公交车一直没来，与其焦灼不安地抱怨，不如带着孩子欣赏街头风景，体味世俗民情。

放学的时候，天空突然飘起了小雨。

晶晶的妈妈愁容满面，对着天空喃喃自语：今天真倒霉，出门的时候忘记看天气预报，怎么这个时间会下雨呢，哎。现在就算打车回家也会被淋湿的，每次一淋湿孩子就要感冒，一感冒就要住院，一住院就耽误学习，眼看马上就要期中考试了，万一考不好又要挨老师骂了。说得晶晶已经在旁边小声地哭泣了。莉莉的妈妈则兴高采烈地说：好久没有在雨中漫步了，宝贝，来，让我们一起听雨落檐头的声音，雨打在树叶上、汽车顶棚上的声音；张开手臂，做一个雨中的深呼吸，空气好清新，里面还有柏树和石榴花的清香呢！

莉莉的妈妈是个乐观的人，能够以平常心面对生活中不如意的事，她这种乐观的心态感染了莉莉，相信对莉莉今后的人生一定会产生很大的影响，她一定也会成为一个乐观的孩子，坦然地面对生活中一切不可预期的事情。

现在的孩子基本上都是独生子女，被爸爸妈妈、爷爷奶奶宠着、爱着，要什么有什么，想怎么样就怎么样，真是生活在蜜罐里。但是，正是因为得来的一切都很顺利，从来不用吃苦，也导致现在的孩子心理很脆弱，不能接受失败的打击、生活的挫折。教孩子用一颗平常心去面对生活中的困难，去面对成功失败，是很有必要的，这也是孩子将来幸福感的保证。

晶晶画枫叶没有画好，妈妈去接她的时候，老师对妈妈说："晶晶不会画枫叶你回去好好教教她"回到家里以后妈妈说跟晶晶一起画画，晶晶犹犹豫豫、支支吾吾地打岔，就是不肯画。后来好不容易妈妈说服了晶晶一起画画，她却怎么也不肯画枫叶。妈妈说："孩子，不会画妈妈可以教你啊。"可是晶晶就是不愿意动手，后来还是妈妈画好了，让晶晶照着画，晶晶才勉强画了，这样画了几次，画得很好。妈妈就问晶晶："为什么你刚才不愿意画枫叶呢？"晶晶有点儿不好意思："老师说我不会画。"妈妈又问她："那你会不会呢？"晶晶说："我开始会一点儿，后来就不会了。"妈妈又说："你不会可以学啊，这不妈妈一教你就会了吗？"晶晶点了点头。

每个人在成长的道路上都会遇到挫折和困难，只有战胜挫折，才能勇敢地面对一切，取得成功。教育孩子要有一个好的心态，用一颗平常心去面对人世的纷纷扰扰。这样，不论孩子遇到什么困难，都能够坚强地去面对。

巧妙运用激将法

巧妙运用激将法，是利用孩子的自尊心和逆反心理积极的一面，以"刺激"的方式，激起孩子不服输的情绪，改正孩子的缺点，将孩子的潜能发挥出来，从而起到不同寻常的说服效果。

萌萌的体质很弱，经常请病假，体育课坚持不了 40 分钟。他吃饭时非常挑剔，经常不吃菜，只是吃一点小馒头。孩子正在长身体，营养不足怎么行？萌萌妈妈心里非常着急。

为了让萌萌有充足的营养，妈妈每天看着萌萌吃蔬菜。有一次，在妈妈的监督下萌萌把妈妈盛给他的白菜都吃了。但只过了一小会儿，又全都吐出来了。"妈妈，我实在吃不下去。"看着他那蜡黄的小脸，妈妈非常心疼：孩子正在长身体，每天只吃一两个小馒头，这营养从何而来？

第二天，在吃饭的时候，妈妈说："快吃吧，像我一样，你看这菜多香呀。"萌萌看到妈妈这样说，勉强吃了一点菜，还是不多。这样坚持了四五天，他又回到老样子。

妈妈决定改变方法，有一次吃饭的时候，妈妈故意盛得很少，和他一起吃："今天妈妈和你比，咱俩的菜量一样多，如果你今天吃完了，我就奖励你一颗星星，如果你能得到五颗星星，我周末就带你去动物园玩，好不好？"他看了看盘里少得可怜的菜，答应道："行呀。"他很快吃完了——得到了一颗星星。第二次，第三次……妈妈也随着萌萌的菜量来调节自己的用餐量。萌萌的胃口逐渐大起来，身体也越来越壮。

在妈妈的帮助下，萌萌改掉了挑食的坏习惯。让孩子养成一种好习惯需要一个过程，也需要一定的技巧，既需要具体的鼓励，也需要耐心的期待和不断地重复，更需要爱心的付出。在孩子成长的过程中，对孩子影响最大、最深的是家长，家长要为孩子树立榜样，用自己的正确行为影响孩子，身教胜于言教，正所谓"喊破嗓子不如做出样子"。家长的日常行为对孩子的影响力很大，天天要求孩子这样做那样做，不如自己先做给孩子看，给孩子以积极的暗示，潜移默化地影响孩子。

晓宇的学习成绩很好，但是他很调皮，经常不值日，还爱欺负其他同学，班上的活动也不爱参加，上课的时候，还爱讲话。班主任已经给晓宇妈妈反映了好多次。有一次，妈妈去接晓宇放学的时候，班主任又给她讲了晓宇的事：上数学课的时候，老师正在讲题，晓宇就和同学说话，老师把他叫起来，他还满脸的不高兴，顶撞了老师。

吃过晚饭，妈妈把晓宇叫到身边，问他白天课堂上是怎么回事。

晓宇委屈地说："又不是我一个人在说话，老师凭什么只要我一个人起来。"

"因为你是学习委员呀，要做其他同学的榜样。"妈妈说。

"那我不当学习委员了。"晓宇负气地说。"行，那我以后也不煮饭了，你放学回来自己煮。"妈妈这样说。"为什么？"晓宇一听妈妈这样说，急了。

"你克服不了自己爱说话的毛病，宁愿选择放弃当学习委员，那我也一样，我不想做饭，我也选择放弃，行吗？"

"不行！"他语气不再激动。

"你行，为什么我不行？"妈妈想让晓宇认识到自己的错误。

"我……"他说不出话来。

"学习成绩好只是一个方面，但是人最重要的是品格，妈妈真的希望你是一个有好的品德的孩子，能正视自己的错误，勇于承担自己的责任。"

晓宇若有所思地点了点头。

从此以后，晓宇再也没有犯过类似的错误。

帮助孩子进步的同时也要保护孩子的自尊心，当孩子犯错误的时候，要耐心地和孩子沟通，让孩子真正认识到自己的错误。巧妙地运用激将法，将孩子自身的潜能调动起来，让孩子用自己的力量改变自己。

帮孩子寻找生活的真谛

国外的一家媒体报道了一个关于孩子理想的调查情况：一个小女孩说长大了要生一群孩子，一个小男孩说要有一个农场。也许在我们看来，这两个孩子实在没有什么远大的理想。但是，小女孩的妈妈告诉她，要做个好妈妈，就应该从现在开始学习怎么带孩子，怎样为自己的孩子做榜样，怎么教育孩子；小男孩的家长则带着他到农场，熟悉农场的作物，了解农作物的特征……这种看似寻常却颇含深意的引导非常值得我们借鉴和学习。

对于家长来说，首要问题并非是去帮助孩子树立理想，而是帮助孩子认识社会、感受生活。孩子对社会的认识深刻了，对生活的感受丰富了，自然就会有自己的理想和人生目标。等孩子有了独立的思维，他就会发现自己真正想要的东西，并会为之而奋斗。对父母而言，帮孩子寻找生活的真谛，就是教给孩子如何树立理想。至于孩子的具体理想，就让孩子自己去寻找吧。

小宝今年12岁，上初中了，他不爱学习，成绩平平，其他各方面的表现也不好。上课的时候不是走神就是发呆，放学之后就直奔游戏厅。其实他也知道这样不好，会玩物丧志，但是他又不知道能做什么。

帮助孩子树立生活的理想，父母应该培养孩子的独立生活能力，多让孩子参加社会团体的益智活动、公益活动，让孩子适应社会生活。经济上，父母不能无限制地满足孩子，应适当地让孩子吃点苦，激发孩子的奋斗意志，从而树立奋发向上、矢志不渝达到目标的理想。

正确引导孩子，培养孩子的学习兴趣，使其养成良好的生活习惯和学习习惯。大教育家皮亚杰说过：所有智力方面的工作都要依赖于兴趣。因此在学习上，父母不可以用自己的权威去强迫孩子学习这个学习那个，而是要尊重孩子的意愿。强迫学习的东西只会败坏孩子的兴致，打击孩子的积极性，达不到想要的效果。父母应该循循善诱，引导孩子。良好的学习和生活习惯是取得成功的基础。孩子需要管教和指导，但是不能无时无刻、处处管教，所有的事情都被父母包办代替，只是剥夺孩子的自制力。为此父母需培养孩子的学习习惯和自律的生活习惯。

父母要根据孩子的个人情况为孩子"量身"定制个人计划和完成计划的方法。在帮助孩子树立理想的同时，不可一味追求结果，忽略过程。应从德、智、体、美、劳全方面去培养孩子。

孩子只有深入生活，才能体会生活的酸甜苦辣和丰富多彩，对生活的感受越是深刻，孩子对生命才会越热爱，父母要有意识地让孩子接触社会，不要把孩子养成深闺。孩子如果只是生活在温室，有一天他接触到阳光的时候，他不会觉得阳光有多么美好，或许，他会被阳光灼伤。所以，父母要帮助孩子寻找生活的真谛，让孩子的人生变得更加丰富多彩，为孩子去往更广阔的天地打好基础。在通往人世的路上，孩子会接触到很多人、很多事，虽然不一定都对孩子的成长有帮助，但是这些都是孩子的收获，是孩子的人生，家长不应该过多地干涉。

激发孩子的信心

信心是进取心的支柱，是有无独立工作能力的心理基础。自信心对孩子健康成长和各种能力的发展，都有十分重要的意义。

生活中，有些孩子信心十足，"我能行"常常挂在嘴边，敢说敢做。而有些孩子却显得胆怯、做事情总是喜欢退缩，口头禅就是"我不会"，十分缺乏自信。面对信心不足的孩子，家长该用什么方法培养和促进孩子的自信心呢？

1. 发现孩子的优点，及时鼓励孩子

父母用发展的眼光看待孩子，肯定孩子的点滴进步，潜移默化地改变孩子的不良行为。孩子兴冲冲地对你说："我这次考了60分。"家长不应该说："你得意什么，小明比你考得更好呢。"孩子兴高采烈地说："我画画得了三等奖。"家长却说："人家小静还得了一等奖呢！"这样会伤害孩子的自尊心，打击孩子的自信心，让孩子失去取得更好成绩的动力。如果父母多说一句"你进步了，比上次考得好，希望下次考得更好！"将会对孩子的教育起到很好的作用。

2. 与孩子说话多用肯定性和鼓励性的语言

强化自信的方法很多，抓住契机进行正面引导尤为重要。孩子如果能经常得到父母的肯定和表扬，会使他们兴趣盎然、信心百倍，增强其自觉学习的主观能动性。因此，要建立孩子的自信心，对孩子在实践中所做的任何一点努力都要及时予以支持和适当帮助，并尽可能地让他们尝试成功，因为成功感是建立自信心的动力。父母可以这样鼓励孩子："你比上次进步了""你能做好""我们再试一次""你能行"，等等。

总之，父母要采取信赖、欣赏的态度，只说鼓励话，不说泄气话，更不说抱怨、挖苦的话。因为父母的每一声赞许都会犹如一束阳光，温暖孩子的心田，每一个孩子，不论其个性品质如何，成绩如何，无一例外地都渴望得到父母的重视、肯定，都渴望照耀到鼓励、赞许之光，特别是那些对自己缺乏自信的孩子。因此，父母在教育孩子时，如果少一些偏见，多一些关爱；少一些歧视，多一些尊重；少一些冷眼，多一些赞许，让孩子享受到温暖的阳光。那么，无论哪种层次的孩子都会获得心理上的满足，从而产生一种积极向上的原动力。这样，潜能将被激发，奇迹将会出现。当然，还要适当把握赏识力度，不同孩子赏识的程度不同，如胆小、行动慢的孩子多肯定鼓励、少批评指责；对调皮、好动、表现差的孩子要善于捕捉其闪光点，及时肯定鼓励，扬长避短；好孩子、任性的孩子适当赏识，多提新的、更高的要求或多鼓励他克服任性的行为。

3. 孩子力所能及的事情，家长不包办代替

家长如果事事都帮孩子安排好，孩子就容易事事依赖、处处顾惜，总是期待别人的照顾，怀疑自己的能力，缺乏必要的自信。反之，将孩子毫无准备地置于新情境之中，突然推向自立，也会使孩子受到挫折、丧失信心。因此，父母可以创设宽松的心理环境，允

许孩子尝试错误，放手让孩子去想、去做；注意"君子动口不动手"似的指导，多提建设性的意见，少为孩子做不必要的帮助，每天给孩子简单的任务让他独立完成。当然，在获得能力的过程中，不能过分控制孩子，剥夺孩子选择的权利。同时，也不能过分放纵，让孩子一切自行其是。家长必须懂得，孩子自己能做什么，不仅取决于他们的成熟程度，而且也取决于生活中的各种事物对他们的适宜程度。因此，父母从日常生活入手，适时、适宜地提出孩子力所能的要求，给予独立锻炼的机会，才能让他们体验成功的快乐，建立真正的自信心。

不良的暗示会误导孩子

小莉性格内向，不爱说话，成绩也不好，小莉的妈妈决定带她去看心理医生。

妈妈告诉心理医生："小莉小时候生过一场重病，医生不仅给她吸了氧，还说她以后可能会出现智力问题，她今年8岁了，和一般的孩子不太一样。先天不足，脑子不正常，学习上有困难，成绩位于班里的后十名，我真担心她有智力低下的问题。"妈妈越说越心酸："我已经带她看了七八家医院，也做了很多检查，就是没查出什么毛病。"妈妈反复强调："她主要是脑子有问题，是小时候那场大病造成的。"

医生看着小莉，问她："你觉得自己有什么地方需要帮助吗？"小莉小心翼翼地说："我脑子有问题，所以学习不好，我也挺着急的，不知怎么办好。"

小莉的妈妈说："我带她看了很多医生，每次去看我都会告诉医生她小时候生病让脑子受伤，还有影响学习。"

后来，经医生测定，小莉智力正常，根本不存在智力问题，之所以学习成绩不好，完全是由于妈妈对她不良心理暗示的结果。而妈妈又是接受了医生的"这孩子可能会出现智力问题"的不良心理暗示。种种不良的潜移默化的心理暗示，造成了小莉生活和学习上的种种困扰。

在孩子的成长过程中，家长总会给孩子这样或那样的心理暗示，这些暗示有的是积极的，有的是消极的。孩子的性格独立性不强，对事物的认识还不是很清晰，很容易接受暗示。如果长期接受消极和不良的心理暗示，就会对孩子的成长产生一定的影响，孩子的情绪受到波动，严重的甚至会影响到孩子的心理健康。小莉就是由于长期的不良心理暗示导致学习困难的。

施加不良心理暗示的人往往是被暗示者心里最爱、最信任和最依赖的人，如孩子的母亲。如果长期对孩子施加不良的心理暗示，必然会影响孩子的认知思维过程，使之形成不良的心理反应和行为模式。而对于缺乏辨别能力的孩子，不良的心理反应更容易形成和固定下来，严重的甚至会影响其一生的发展。因此，作为父母，对于孩子的正常发展具有很重要的作用，父母的一言一行都会对孩子的思维能力和心理的健康和发展起到促进或限制作用。所以，不管在什么样的情况下，都要尽量多给孩子积极健康的心理影响以及实际的帮助和引导。此外，让孩子形成正确的自我观念、恰当的自我认知，更利于他们成年后在社会上找到正确的位置。

明明生性胆小谨慎，只要听到一些响动或者是见到陌生的面孔都会流露出惊慌和畏惧。明明的妈妈每次遇到这样的情况总是紧张地把明明拥入怀中，使明明安定下来，并且向别人解释说是因为孩子胆子小。明明读初中的时候，胆小的情况越来越严重，他从来不敢主动站起来回答问题，对老师的问话也是嗫嗫嚅嚅，甚至不敢一个人上厕所。明明妈妈通过咨询心理医生，才知道自己之前对明明的保护是错误的做法。她一再向人解释明明胆小，其实就是施加了不良的心理暗示，明明更加认为自己胆子小，更加依赖妈妈的庇护和怀抱，而不能坦然地去面对和接受新的事物、新的人，明明妈妈的这种做法不是爱孩子而是害了孩子。其实很多时候，孩子身上很小的缺点，都被我们大人一再地放大，一再地强调，最后变成不可克服的了，这便是不良的心理暗示。

小孩子都喜欢赞扬和鼓励，赞扬和鼓励增加了他们的自信，激发了他们的表现欲望，在表现的过程中不断地学习完善，这一点每个父母都知道，所以我们总是毫不吝啬地夸赞"宝贝儿真棒""好样的""真聪明""做得很好"等。而对于孩子的一些不尽如人意之处往往忽视了正确的引导，在不经意间一再地给孩子不良的心理暗示。比如经常对外人说："我家孩子脑袋笨，随他爸！"孩子便真的以为自己笨，做起事来没自信，动不动也就会拿自己笨做挡箭牌。久而久之，倒成了一个借口，不把它当成很严重的缺点来看，有点破罐子破摔的意思了。有的家长把诸如马虎、胆子小这些孩子的缺点挂在嘴边上，这就更加强化了他们的这些行为。有的孩子喜静不喜动，家长会说"孩子胖，不爱活动，一动就喘就累"，常常说，孩子就接受了这样的暗示，这些缺点也就越发明显了。

美国有一个心理研究组织做了这样的实验：安排一些志愿人员，先测量了他们的握力平均为 101 磅，然后将他们催眠，暗示他们现在软弱无力浑身没劲。经过这样的催眠后，再测量他们的握力，发现他们的平均握力居然只有 60 磅了。

但是，在同样被催眠的情况下，如果给予他们一种完全相反的暗示，告诉他们每人都是大力士，强壮无比。如此之后，其平均握力竟可达到 140 磅，心理暗示的力量，实在不可小觑。

不要给孩子不良的心理暗示，如果孩子胆子小，家长可以常常鼓励他："你最勇敢了，这没什么。"如果孩子粗心大意做事马虎，家长就常提醒孩子让孩子自己将未做好的事情做好，并及时赞扬孩子："做得很好，下次还要这样做。"如果孩子不爱运动，家长可以经常带孩子到户外去散步，在散步的过程中给孩子讲故事，并模仿故事中的情节与孩子一起嬉戏，带动着孩子相互追赶，这样潜移默化地让孩子体会到动起来的乐趣……这样良性的心理暗示会帮助孩子克服缺点。

第二章

德西效应：奖励孩子要恰如其分

什么叫德西效应

心理学家爱德华·德西曾进行过这样一个实验，他随机抽调了一些学生去单独解一些有趣的智力难题。他把这些学生分成两组，第一组学生在解题时没有奖励；第二组学生每完成一个难题后，就能得到 1 美元的奖励。通过数周的观察结果得知，在每个学生想做什么就做什么的自由休息时间，无奖励组的学生会比奖励组的学生花更多的休息时间去解题。这说明：奖励组对解题的兴趣衰减得快，而无奖励组则对解题保持了较大的兴趣。

"德西效应"是指当一个人在做一件让自己很愉快的事情的时候，给他提供奖励的结果反而会减少这项活动对他内在的吸引力。在某些时候，当外加报酬和内感报酬兼得，不但不会使工作的动机力量倍增，积极性更高，反而其效果会降低，变成二者之差。

在一个小村子里有一个大花园，花团锦簇，很漂亮，有一位老人在这里休养，村子里有一群孩子，他们每天都到老人的花园里追逐嬉戏，玩得好不开心，但是也吵得老人无法好好休息，在屡禁不止的情况下，老人想出了一个办法——他把孩子们都叫到一起，告诉他们谁叫的声音越大，谁得到的奖励就越多，老人每次都根据孩子们吵闹的情况给予不同的奖励。到孩子们已经习惯于获取奖励的时候，老人开始逐渐减少奖励的数量，最后无论孩子们怎么吵，老人一分钱也不给。结果，孩子们认为受到的待遇越来越不公正，认为不给钱了谁还在这儿玩，就再也不到老人的花园里玩了，老人终于可以好好休息了。

人的动机分为两种：内部动机和外部动机。如果按内部动机去行动，我们就是自己的主人。如果驱使我们的是外部动机，我们就会被外部因素所左右，成为它的奴隶。老人的算计很简单，就是将孩子们的内部动机——"快乐地玩"——变成了外部动机——"为钱而玩"，而他操纵着外部因素，所以也操纵了孩子们的行为。当有一天满足不了孩子的愿望了，自然就有办法对付这些顽皮的孩子了。

在家庭教育中，培养孩子积极主动、持之以恒的兴趣和坚忍不拔的意志，仅靠物质的刺激远远不够——由物质刺激所激发的兴趣，在一定程度上是淡薄的，也是短暂的。适当的奖励可以鼓励孩子，使孩子更加进步；过分的奖励却会纵容孩子的坏脾气，造成不良的后果。

家长只是孩子的领路人，家长所有的希望和期待如果没有内化为孩子的动力，孩子没有找到自己的奋斗目标，觉得自己所做的一切都只是在家长的逼迫之下做的，孩子就会觉得很累，也会对自己所做的事情越来越没有兴趣；或者，孩子只是为了得到某种奖励而做某件事，当有一天这个奖励满足不了孩子的时候，他就会放弃。因此，家长在奖励孩子的时候，要注意方法，不要把孩子本身的学习兴趣变成了外在的物质诱惑，害了孩子。

奖励孩子要适度

在家庭教育中，表扬常常作为肯定孩子行为的正面手段而被过多地运用。比如说：孩子期末成绩考好了，家长就会带他去盼望已久的地方旅游；孩子在路上捡到钱交给警察叔叔，回到家家长就会夸奖他是个拾金不昧的好孩子；孩子在家里做了一次家务，家长也会夸奖他，给他买玩具等。显然，家长希望通过表扬这种方式激发孩子的内在动力，为孩子的将来指明方向，让孩子受到鼓励而更加进步。

但是，现在很多家长越来越困惑，本来以为表扬是让孩子更加进步的，为什么有时候反而和自己的初衷背道而驰，孩子只是为了得到表扬才会去做某些事。

小斌今年上小学五年级了，是个诚实懂事的孩子，学习成绩又好，在学校里同学和老师都喜欢他。小斌的父母经常奖励小斌，小斌考出了好成绩，父母就会带他去公园，小斌作文得奖了，父亲就会给他买他心爱的玩具。还常常对他承诺，只要期末考试考到了全班第一名，就带他出去旅游。渐渐地，小斌每次考完试都会向爸爸妈妈讨要奖品，发展到后来，达到了没有奖品就不做作业的地步。小斌的父母感到很困惑，孩子怎么会变成这样了呢？

人的心理是这样的：越是轻易得到的东西，越不会珍惜和重视。很多家长在孩子每做对一件他们所应该做的事，每回答对他所应该回答出的问题时，都要抛出如"真乖""真好""真聪明"等赞赏的话和报之以喜悦的脸色，这就使得表扬失去了原有的功效。

孩子没有经过刻苦努力，就轻易地得到表扬，这样的表扬是没有多少力度的，是廉价的，不但不能激发孩子的动力，反而还会消磨孩子的积极性。这样没有力度的表扬越多，孩子就越是对它无动于衷，孩子不会增加荣誉感，也不会觉得珍贵，就会产生没有表扬就不去做的错误思想。因此，对孩子的表扬应该适度，无节制的表扬往往会让孩子产生虚荣、自负、骄傲的心理。

还有许多家长在表扬孩子的时候，喜欢抬高自己的孩子，贬低别人的孩子，比如"你比某某要好，某某不如你"，这种做法同样是不可取的。每个人都有自己的优点和缺点，只比别人的缺点，对别人的优点视而不见，用这种与别人比较的表扬方法，容易使孩子变得盲目自信，产生攀比和嫉妒的不良心理，这对孩子的成长是很不利的。

还有很多家长喜欢用物质作为奖励孩子的方式，这也是不可取的。伟大的儿童心理学先驱——英国的洛克坚决反对用金钱和糖果作为奖品，他认为："它们的使用破坏了抑制愿望、服从理性的主要目的。当我们用食品或金钱奖赏儿童的时候，我们仅仅是鼓励他们在这些食品中寻找快乐而已。"应该说，对孩子最好的表扬和奖赏是适时适度的赞扬和夸奖。当孩子表现出极好的行为或做出努力改正了某一不良行为习惯时，我们要称赞他们，使他们为自己的进步而感到自豪。

夸奖孩子，有利于激励孩子，增强孩子的自信心，但是奖励孩子一定要讲求方法，要把握它的度。适度的夸奖可以帮助孩子成长，过度的夸奖也会影响孩子的成长，这也是每个家长在教育孩子的时候要特别注意的。

奖励形式要多样化

在孩子的成长过程中，奖励和惩罚作为一种教育手段，都是必不可少的。但是对于父母来说，无论是奖励或者惩罚，父母都需要掌握一定的技巧。奖励可以分为四大类：精神奖励、情感奖励、活动奖励和物质奖励。精神奖励包括对孩子的成长表示鼓励、肯定、满意、赞叹、尊重、佩服和欣赏等；情感奖励包括买孩子喜欢的玩具、零食、衣服等；活动奖励就是与爸爸妈妈一起去公园，一起去孩子喜欢的地方玩，听爸爸妈妈讲故事，和小朋友一起做游戏等；物质奖励就是给孩子喜欢的东西。很多父母常常认为，奖励就是给孩子买他想要的东西，给他的奖励越多，就越会让孩子保持好的行为习惯。其实，这种想法都是不全面的。心理学家经过多年的观察发现，事实上，精神奖励对孩子的影响更大，孩子更加看重，年龄越大的孩子越是这样。因此，在奖励孩子的时候，家长一定要坚持多样化的原则，以精神奖励为主，与情感奖励、活动奖励、物质奖励综合运用。

一位母亲在这方面就做得很好：

有段时间，儿子的老师告诉这位母亲，说她儿子在班上不爱读书，也不喜欢举手回答问题。于是在一天晚饭之后，这位母亲把儿子叫到身边，问他为什么会这样。儿子告诉她：他不好意思当着全班同学的面回答问题或者大声朗读，他害怕答错了或者读错了被别人笑话。为了帮助儿子克服心理障碍，这位母亲给儿子特制了一张日历表，如果他当天在课堂上大声朗读或主动回答老师的提问，就可以得到一颗星。如果一个星期他能得到三颗星，就可以在周末去商店买他喜欢的玩具。如果一个星期得到了五颗星，他就可以在周末选择自己喜欢的活动，比如去公园、看电影、去游乐园，而且全家人都不能反对。此外，他还可以晚半个小时上床睡觉，可以多看一会儿动画片。

这样的奖励很有效果，几个星期之后，她的儿子变得自信多了。

在上述例子中，这位母亲的奖励方法很科学，她采用了多种形式的奖励方式：精神奖励——颁发小星星；物质奖励——到商店买孩子喜欢的文具或玩具；活动奖励——去公园，多看半个小时动画片。随着奖励的不断升级，孩子也在不断地提升和进步。

如果只给孩子物质奖励，或者物质奖励过多，对孩子的成长是很不利的。当孩子把注意力更多地集中在得到奖励的东西上，他就会将良好的行为与得到奖励挂钩，而不会将良好的行为作为一种个性习惯予以保持。所以，奖励的多样化是非常重要的，从长远的角度来讲，它能够更好地达到鼓励孩子的目的。同时，随着孩子的不断成长，父母更要注重情感和精神奖励，一定要尽量避免把奖励局限于物质领域，不要用讨价还价的形式进行。

奖励孩子的最高境界，是要给孩子一些主导权。比如让孩子决定全家周末的活动，选择去哪里玩，选择请谁到家里来做客等，让孩子选择一件自己喜欢做的事情，才是最受孩子欢迎的奖励。同时，这种给孩子更多主导权的奖励，还十分有助于对孩子多种能力的培养。

以精神奖励为主

人除了物质需要以外，还需要被别人尊重、被人理解、被社会认可等多方面的精神需要。因此，家长在选择激励方式的时候，不妨给孩子多一些精神上的鼓励。当孩子刚开始学会走路的时候，我们可以为孩子高呼加油，当孩子取得好成绩的时候，我们可以鼓励孩子再接再厉。

有位父亲在这方面就做得很好：

每年年终的时候，这位父亲都会把孩子发表的文章做一个汇总，他会制作一个奖状，把孩子这一年发表的所有文章都写在奖状里。到年终的时候，拿给孩子看："儿子，你看，这是什么？""奖状！谢谢爸爸。"孩子接过奖状，非常高兴。"你可以把奖状读给我听一下吗？""李奇小朋友：你在 2008 年勤奋努力，发表了《春天来了》等 6 篇文章，特此向你表示祝贺。希望你在新的一年里更加认真，力争取得更优异的成绩……2009 年，你能超越自己吗？爱你的爸爸妈妈。"孩子读得很自豪。

"这是送给你的新年礼物之一，你喜欢吗？"

"喜欢！我要是明年能多发表几篇文章就好了，还能得到稿费。"

"是啊，祝你成功，同时也祝你各门功课都取得优异的成绩。"

孩子离开时，一路都低着头看那张奖状。后来，他把奖状藏在了资料盒里。他说，明年让我们再做一张，希望比今年的更漂亮。

奖励孩子的形式多种多样，物质奖励只是其中一部分，像上面这位父亲这样，将孩子的成绩汇总并以奖状的形式展现就是一种很好的办法。孩子会从这一张简单的奖状中看到过去的成绩，从而产生兴趣，增强信心，产生超越自我的欲望。关于奖励的问题，多数家庭比较随便，只要孩子能考得好，几乎是有求必应。其实，这并非小事一桩，处理不好就可能事与愿违。有的家长有这样的经历，孩子第一次考了 100 分，回来就向家长要"说法"，还说其他考得好的同学都得到了父母的奖励。所以，家长们也要讲究奖励的策略和原则。

如果家长在奖励孩子的时候，总是以物质为基础，容易滋长孩子的虚荣心。因此，家长在奖励孩子的时候要以精神为主，培养孩子良好的品德习惯。

奖励要以事实为依据

奖励孩子也是要讲究方法的，有些家长奖励孩子时往往抓不到重点。一般来说，孩子做了值得奖励的事总是表现为具体的可取之处，那么家长奖励的针对点也就应该放在这些具体的点上。越是具体的奖励，孩子越容易明白哪些是好的，越容易找准努力的方向。例如，孩子看完书后，自己把书放回原处，摆放整齐。如果这时家长只是说："你今天表现得不错！"那么表扬的效果会大打折扣，因为孩子不明白"不错"指什么。你不妨说："你自己把书收拾得这么整齐，我真高兴。"一些泛泛的表扬，如"你真聪明""你真棒"等，虽然暂时能提高孩子的自信心，但孩子不明白自己好在哪里，为什么受夸奖。另外，这样容易养成骄傲、听不得半点批评的坏习惯。

龙龙今年6岁了，在上幼儿园。他是个积极的孩子，在幼儿园里"人缘"很不错，小朋友们都喜欢他。前些日子，龙龙忽然对妈妈说："妈妈，我把红色水彩笔送给班上的明明了，您再给我买一支好吗？"龙龙妈妈说："你为什么把你的水彩笔送给别人呢？他没有吗？"龙龙回答说："妈妈，是这样的，昨天我们上图画课时，明明在要画枫叶的时候忽然发现自己的红色水彩笔芯坏了，一会儿我们要交上自己的图画的，老师还要给小朋友们评比呢，明明就急得哭了起来。那时候我都画完了，看明明哭得伤心，就把水彩笔送给他了。明明用我送他的笔画完了画可高兴了。同学们都说我是小朋友里最爱帮助人的。"龙龙很自豪地昂着头。妈妈看到孩子的样子觉得儿子很可爱，心想虽然方式不太对，但无论如何孩子也是做了好事，就夸奖龙龙说："儿子，你真棒！所有的小朋友都会以你为榜样的。"

可是没过几天，龙龙又对妈妈说："妈妈，我把您的那个小镜子拿到幼儿园送给芳芳小朋友了。她的那个被别的小朋友打碎了，我看她们要打架，就说我家有一个更漂亮的小镜子可以送给她，让她们别吵了。后来芳芳很高兴。"那个小镜子是龙龙爸爸从俄罗斯买回来送给他的礼物，被龙龙就这么送出去，龙龙妈妈还真的挺心疼的。她忽然想起来，孩子这种帮助别人的方式真的是有问题，上次送别人画笔自己很随便地表扬了他，看来自己的教育方法不太对。

正想到这，龙龙迫不及待地问："妈妈，您为什么还不表扬我呀？我们班上的小朋友都说我好呢。上次我送明明画笔您还夸奖我了呢，这次为什么不呢？"看着孩子天真的样子，龙龙妈妈意识到，龙龙本来是出自好意帮助别人的，可自己对孩子的夸奖太笼统了，以至于孩子不知道自己是哪里对了、哪里不可取。

所以，在夸奖孩子的时候，要明确地夸奖。分析孩子的具体行为，表扬孩子的具体优点，而不是泛泛地表扬整个事件。来自父母的夸奖和鼓励对孩子来说有着非比寻常的意义，家长的夸奖表明了对孩子行为方式以及价值方式的认可，这也正是孩子要努力进取的方向。家长要对这点重视起来，切不可随意施予孩子夸奖。所以说，孩子的成长过程，点点滴滴都握在爸爸妈妈的手中。夸奖孩子要夸具体、夸细节，不要总是笼统地说"你真棒"。要让孩子知道自己为什么得到了表扬，哪些方面做对了，好在哪儿。这个过程就是孩子思索和树立正确价值观的过程，切不可随意。

奖励孩子要及时

奖励是父母对孩子良好行为以及其他积极因素的肯定。通过父母的奖励，能够让孩子了解自己的行为活动的结果。可以说，奖励是父母对孩子一种自我行为的反馈。而这种反馈必须及时才能发挥出更好的作用。

孩子在做了一件事情之后，总是希望尽快地了解自己所做的这件事情的结果、质量和父母的反应等。好的结果会让孩子觉得满足和愉快，给孩子以鼓励和信心，并保持这种行为，继续努力；坏的结果能让孩子看到自己的不足之处，以促进下一次行动的时候专注、改进，以求得好的结果。

同时，孩子需要通过尽快了解反馈资讯，能够对自己的行为进行调节、巩固、发扬发好的东西；克服、避免不好的东西。如果反馈不及时，事过境迁，孩子的热情和情绪已经冷漠，这时的奖励就没有太大的作用了。

在孩子的心目中，事情的因果关系是紧密联系在一起的，孩子年龄越小，越是如此。因此对于孩子的良好行为，父母要及时奖励。否则，过后再奖励孩子会弄不清楚为什么受到了奖励，因而对奖励不会有什么印象，当然也就起不到强化好的行为的作用。

根据行为疗法的理论，一种行为能不能建立起来，效果是关键。带来效果的行为会保留下来，没有带来效果和带来负面效果的行为会消失掉。如果孩子做到了，家长却视而不见，孩子就会觉得做和不做一个样，以后也就不会那么热心地去做了，同时对家长的指令也会听而不闻。因此，父母在奖励孩子的时候，必须注重实效性。比如孩子今天早上起来自己叠被子了、帮着妈妈扫地了，父母都要给予及时的肯定。这样会增加孩子的积极性，对孩子的成长也是大有裨益的。

家长应该注意的是：在奖励孩子的时候，应该避免单纯的奖励。不要早上下一个命令，晚上回来检查或听汇报。也不要年初布置任务，到了年底来验收。这样就有可能会滋长孩子"不诚实"的品性。家长应该把奖励和监督结合起来，和孩子一起去完成任务。从某种意义上讲，和孩子"在一起"就是一种奖励。

家长对孩子良好行为的及时奖励，能够使孩子迅速产生积极的心理反应，对自己获奖的行为记忆深刻。在这种奖励的多次重复之后能产生积极的动力定型，使这种良好的行为习惯化，并使之发扬光大。因此，对孩子的及时奖励是很重要的。

第三章

南风效应：春风化雨的教育方式

什么叫南风效应

南风法则也叫作温暖法则，它是由法国作家拉·封丹提出的。俗话说："良言一句三冬暖，恶言伤人六月寒。"南风效应告诉我们：温暖胜于严寒。在家庭教育中，家长要尊重和关心孩子，给孩子以支持和鼓励，让家庭中多点人情味，关注孩子内心的感受，少用命令式的口气和孩子说话，慎用语言暴力。孩子的心灵是比较脆弱的，他们希望得到父母的支持和理解，父母一个鼓励的眼神、一句鼓励的话，都会让孩子信心倍增。

北风在和南风比看谁更厉害，能让行人把身上的大衣脱下来。北风一来就寒风凛冽，冰冷刺骨，结果行人为了抵抗北风的侵袭，把身上的大衣裹得更紧了。南风则徐徐吹动，和风丽日，行人觉得身上暖和，便解开纽扣，脱掉大衣，最终的结果是，南风获得了胜利。故事中南风之所以获得胜利，是因为它顺应了人们的内在需要。在家庭教育中，很多家长信奉"棍棒底下出孝子"，对孩子打骂恐吓之类的北风教育方法，这是不妥的。实行温情教育，多点人情味式的表扬，培养孩子自觉向上、自我反省的动力，才能达到事半功倍的效果。

陶行知先生在一所小学担任校长的时候，有一天看到一个男孩在用泥块砸其他的同学，于是立即上前制止了他，并且要他放学之后到校长办公室去。

放学之后，这个男孩已经做好了被责罚的准备，并想好了种种为自己开脱的理由等在校长办公室。然而，陶行知先生并没有像他所认为的那样责罚他，而是先掏出一块糖果给他，说："这块糖果是奖给你的，因为你按时来了，但是我却迟到了。"

男孩惊异地接过糖果。陶行知随后又掏出一块糖果放在他的手上，说："这块糖果也是奖给你的，因为在我制止你打人的时候，你立刻就停手了，这说明你很尊重我。"

男孩更惊异了，不明白校长葫芦里卖的什么药。陶行知接着又掏出第三块糖果放在这个男孩的手中，说："我去做了调查，你之所以用泥块砸那些男生，是因为他们欺负女生，你是打抱不平，这也证明你是个正直友善的孩子，有跟坏人作斗争的勇气。"

男孩感动极了，他泪流满面。说："陶校长，我错了，我砸的不是坏人，是自己的同学，我以后再也不会这么做了，你罚我吧。"

陶行知满意地笑了："你能认识到自己的错误，是个好孩子，我再奖给你一块糖果，可惜我只有这一块了，我的糖果没有了，我们的谈话也该结束了吧。"

怀揣着糖果的男孩离开了校长办公室，此刻他的心情不难想象。

陶行知对这位犯错误的学生没有采取急风暴雨的训斥而是和风细雨的态度，引导学生自己认识到自己的错误，给学生一个愉快的心境，给学生耐心的说服教育，以南风式的方式，关爱孩子，帮助孩子找到解决问题的方法，既避免了和孩子的正面冲突，又使孩子感到心悦诚服。

做孩子的朋友

一个在和睦温暖、轻松愉快的环境中长大的孩子，会是一个乐观自信，身心健康的孩子。在这样的家庭氛围中，孩子的身心得到释放，更容易形成活泼、友善、容易相处的性格。相反，如果孩子在一种沉闷压抑的环境中长大，他就容易形成孤僻自卑的性格。家庭是孩子唯一的避风港，他们在幼稚无助的时候，在对外在环境缺乏自我适应能力的时候，就会更依赖温馨和睦的家庭氛围。

很多父母都有这样的感觉：孩子有什么心里话，更愿意和自己的好朋友说，作为父母，常常不知道孩子心里在想些什么。于是，常常感慨，现在的孩子不好沟通！

如果父母能放下自己做家长的架子，和孩子做朋友，那么对孩子的教育就会轻松许多。通常比较受孩子欢迎的家长，都是风趣幽默、没有家长的架子的。做孩子的朋友，就应该和孩子打成一片，甚至和他"胡说八道"。和孩子交换秘密，你可以把你的心里话告诉孩子，不要把话闷在肚子里。同时，你也可以要求孩子做一个好的聆听者。

生活中，大多数父母都有这样一个认识误区：认为孩子是自己的私有财产，父母的话是圣旨，孩子应该全听父母的。他们几乎从来不关心孩子的想法和感受，和孩子谈话也喜欢用命令的口气。如果孩子做错了事情，更是不问青红皂白，劈头盖脸就给孩子一顿教训，不给孩子申辩的机会。就算是自己错怪了孩子，也绝不会跟孩子认错道歉。在这样的家庭氛围中，孩子总是处于一种屈从被动的地位，没有自由发言权，更谈不上什么相互沟通了。

父母这样的做法是不妥的，对孩子的成长极为不利。父母应该把孩子当成一个独立的个体，当作一个有思想、有感情的独立的生命来尊重。父母和孩子之间应当彼此多交流、多沟通，少用命令的口气和孩子说话。在教育孩子的时候应该让孩子懂得：只有这样做才是对的，而不仅仅是因为要听从父母的话。这样孩子才会觉得父母是真的为自己好，也才会打开心扉，真心地把父母当朋友。

有些父母性格比较内向，沉默寡言，就是夫妻之间也很少沟通，家庭气氛自然很沉闷。尤其是有些父母认为跟孩子不能没大没小，正事说完了就没话可说了，从来不会和孩子有说有笑的，家庭生活没有什么趣味可言。在这种家庭中长大的孩子心灵得不到舒展，就有可能向外界寻求释放，结果就可能做出让父母震惊的事情来。很多孩子性格孤僻、神经质，长大以后不善与人相处、多愁善感，就是受这种家庭氛围的影响，严重的还会形成心理障碍。

作为父母应该与孩子建立一种朋友关系，把家庭的爱化为实际行动，以笑语打破沉默，以笑脸代替愁容。你可以直接告诉孩子，你有多么爱他，他对你有多么重要，慷慨地把你的时间分享给他。

把孩子当朋友，和他谈心，你可以告诉孩子你每天经历的事情，也可以问问孩子，他一天经历了哪些事情。如果他今天犯了错误，也不要大声斥责，多听少讲，当孩子认为和你聊天没有被惩罚的威胁的时候，他才会无所不谈。

巧用"爱抚效应"

心理学家研究证明：爱抚产生的感觉，可以使人的神经系统中的化学物质发生变化，从而缓解紧张，改善情绪，增加自信，甚至还可以提高人的免疫功能。

萱萱从小就是个特别爱"黏人"的女孩，有一次萱萱患了重感冒，妈妈带着她去看病，到了医院，需要打针。萱萱一看到护士拿着针过来，就躲在妈妈的怀里。妈妈说："宝贝，不要怕，来，你趴在妈妈的怀里，紧紧地抱着妈妈就不会觉得痛了。"妈妈边说边温柔地抚摸着萱萱的头发和背部。在妈妈的抚摸下，萱萱觉得那一针比想象中的疼痛减轻了许多。打完针之后，萱萱问妈妈："妈妈，我觉得不痛，那痛是不是转到你身上去了？"妈妈笑着点了点头。

第二天还要去打一针，这一次是爸爸带着萱萱去的。当护士拿着针走过来的时候，萱萱对爸爸说："爸爸，我想让你抱着我，昨天妈妈就是这样抱着我的。"爸爸不耐烦地对着萱萱挥了挥手，说："就你麻烦，都这么大了，打针还要大人抱着，去去去，自己趴到椅子上去。"结果这一次，医生还没有开始打，萱萱就害怕地叫了起来。当针尖打进萱萱身体的时候，她痛得号啕大哭。

同样是打针，当萱萱趴在妈妈的怀里，享受着妈妈温情的言语和温柔的爱抚的时候，她觉得痛苦减轻了，而当她独自趴在椅子上接受打针的时候，她就觉得痛得受不了了。

中国人对爱的表达比较含蓄，在物质上尽量满足孩子，但是对于精神上的抚慰却是不够的。每一个孩子都是父母的心肝宝贝，父母爱孩子，就不要吝啬自己的爱抚，而应该多和孩子的身体接触，经常用言语、动作、表情和姿态让孩子体会到父母的爱。听孩子说话的时候，可以微笑着摸摸孩子的头发，揽着孩子的肩膀，帮孩子整理一下衣服；上学去的时候，抱一抱孩子。

特别是当孩子在外面受了委屈的时候，不妨把孩子抱在怀里，给他心灵上的安慰。在孩子遇到困难和挫折的时候，拉着孩子的手，注视着他的眼睛，对他说："不管发生什么事情，你在爸爸妈妈的心中都是最重要的，爸爸妈妈永远支持你、爱你。"这些细微的举止，会在孩子的脑海中泛起爱的波涛，不但能够减轻孩子的压力，让孩子有更大的勇气面对未来，还能让父母和孩子的关系变得更加亲密，让父母对孩子的教育取得良好的效果。经常接受父母爱抚的孩子会更有自信心，更加乐观坚强。

西方心理学研究发现：每个人都有皮肤饥饿感。在父母给予孩子的众多触摸中，以抱着孩子和搂着孩子的肩膀最有效。爱抚按摩已经被公认为是对孩子健康最有益、最自然的一种保健方法。特别是对于婴儿，它不仅能够增强婴儿的免疫能力和反应能力，而且还能增进对食物的消化和吸收，同时还能够减少婴儿的哭闹。

家长对孩子的真心爱抚，不仅对孩子的健康有好处，还能够安抚孩子的情绪，让孩子感受到父母的爱，孩子在充满爱的环境下成长，他会更加健康快乐。

每个孩子都渴望得到家长的爱抚，身体的接触是最容易使用的爱语，它就像大声地喊着"我爱你"，给予孩子的不仅是父母发自内心的爱，还有对孩子心灵的呼唤，让孩子感受到父母真心的接纳和给予的力量和勇气。

父母对孩子的拥抱会传达给孩子一种力量和信念，给孩子一种心理上的满足感。父母通过这种方式把爱传达到孩子的心中，让孩子的内心充满阳光和爱，孩子就会愿意和父母沟通，并且愿意改掉自己身上的一些不良习惯，努力上进，争取做一个好孩子。

每个人都需要爱，在爱的包围下，人就会充满爱心和活力。孩子更是这样，缺少爱的孩子，内心缺少温暖，对生活缺少热情和勇气，更不会主动去爱别人。而在父母爱的包围下长大的孩子，心里充满阳光，对生活也充满激情和动力，会形成积极乐观的性格。

蹲下来和孩子说话

有这么一个故事：

儿童节的时候，一位母亲领着她的女儿去逛当地最豪华的百货商场，在她的思想中，她觉得女儿一定会喜欢这里：漂亮的衣服，豪华的玻璃橱窗，好玩的玩具和洋娃娃。可是一到那里，女儿就嚷嚷着要回家，并且一直哭哭啼啼的，手拉着她的衣服就是不肯放开。

"孩子，你这是怎么了，真扫兴，售货阿姨是不接待爱哭的小孩子的。"妈妈责怪地说，可是女儿仍然是眉头紧锁。

过了一段时间，女儿的鞋带开了，她蹲下来给女儿系鞋带，无意中往上看了一眼。这是她第一次从一个5岁孩子的眼睛里看见周围的世界，天啊，她看到了什么？没有漂亮的衣服，也没有豪华的橱窗、可爱的洋娃娃，看见的只是一片混乱的、看不见顶的走廊……人的腿、脚，以及其他的庞大物在乱推乱撞，看上去很可怕。

妈妈立刻把孩子带回家了，并发誓从此以后再也不把自己的思想强加在女儿的身上。

父母蹲下来，从孩子的角度看世界，才能感受到孩子的感受、看到的和听到的事物，才能和孩子是一样的，也才能知道自己的决定是不是正确的。你是不是也曾经带着你的孩子去逛商场？你是否蹲下来，从孩子的眼里看世界，你从孩子的小步子和小身高下，感受到孩子的压抑和疲惫了吗？父母是孩子的依赖、是孩子的权威、是孩子的规则。只是很多大人忘记了自己是一个大人，孩子只是一个孩子，在不同的眼睛里，看到的世界是不同的，理解的世界也是不同的。

你是不是曾经责备孩子吃饭的时候打碎了碗，但是你想过没有，孩子的手还那么小，根本抓不住那么大的碗。你是不是告诉孩子，吃饭的时候不要总是把筷子掉在地上。但是你想过没有，孩子的手还那么小，还不能抓住那么大的筷子。孩子的身高才那么一点点，还没有桌子那么高，他还看不见桌子上的杯子。作为父母的你，为什么不把杯子放在孩子碰不到的地方呢？我们老是觉得孩子不听父母的话，不好管，认为所有的过错都是孩子的，其实，这对孩子是不公平的。不要老是说你的孩子不懂事、不乖巧、不听话，那是因为父母还没有懂得孩子的心思，没有从孩子的角度看世界，没有把孩子当成和自己一样平等的人来对待。

每个人都有自己独特的思想，都希望得到平等对待，孩子也不例外。每个小朋友都希望自己的爸爸妈妈问问自己的意见，希望自己可以单独地做一些自己喜欢做的事情。孩子不喜欢独断专行的父母，他们不喜欢父母忽略自己的意见，不喜欢什么事情都要听父母的，什么事情都按照父母的意思去做。

家长常常会说：他只是一个孩子。但是孩子也是一个和你一样平等的人，他有自己的思想、自己的世界观，自己的喜好。所以，当你高高兴兴拿着自己给孩子买的新衣服给孩子时，孩子不喜欢，你不应该责备他，而是应该反思，你在给他买衣服的时候，问过他的意见了吗？你知道他喜欢穿什么颜色的衣服吗？

让批评变成欣赏

著名教育家陈鹤琴说："无论什么人，受激励而改过，是很容易的，受责骂而改过却不大容易，而小孩子尤其喜欢听好话，不喜欢听恶言。"赏识老爸"周弘说：家长应该用一种花苞心态去教育孩子，学会赏识孩子，善待他的缺点，这样孩子一定会像花苞一样开花结果。"家长在教育孩子的过程当中，要善于做伯乐，帮助孩子发现他身上哪怕是最微小的优点，也得给予孩子及时的肯定和鼓励，放大孩子的优点，这样的教育效果往往是很好的。

小琴琴看见妈妈在整理衣柜，便跑过去帮助妈妈整理。结果，她把妈妈刚刚整理好的衣柜又弄得一团糟，叠好的衣服散落一地，妈妈看见了，气不打一处来，便明褒暗贬地对小琴琴说："哎，我们家小琴琴可真能干，这下子，家里跟摆地摊一样了。"因为妈妈这几句冷嘲热讽的话，打击了小琴琴尝试新东西的积极性，从那以后，小琴琴再也不帮助妈妈做事情了。而另一位母亲的教育方法非常好：当她发现女儿把自己刚刚洗好的菜弄得乱七八糟的时候，她并没有火冒三丈，而是微笑着对女儿说："我们家宝贝居然会帮妈妈做事了哦，看来宝贝是真的长大了，来，让妈妈教你怎么炒菜好不好？"结果，女儿兴致勃勃地看着妈妈炒菜，以后妈妈在做家务的时候，她也喜欢帮妈妈的忙了。

在孩子犯错误的时候，家长要给孩子指正错误，但不能打击到孩子的自信心，不妨多给孩子一点鼓励、一点欣赏。家长的肯定和鼓励，就像一阵春风、一场雨露，温暖着孩子的心灵，给孩子强大的动力，从而使其健康快乐地成长。当孩子犯错误的时候，家长不妨在孩子做对的时候表扬他，用表扬强化孩子的优点，让孩子多做对的事情；当孩子在学习上偷懒，家长也不必不问青红皂白劈头盖脸给孩子一顿数落，不妨在孩子认真学习的时候表扬孩子，用鼓励去巩固孩子的认真。家长要善于发现孩子的优点，强化孩子的优点，让孩子在家长鼓励的眼神中形成积极乐观的性格，健康快乐地成长。

芳芳今年 6 岁了，是一个聪明伶俐的小姑娘，活泼可爱，而且写得一手好字。这些都是妈妈平时对芳芳的欣赏教育的结果。芳芳在刚刚开始练习书法的时候，总是坐不住，而且字也写得很潦草，妈妈并没有责怪芳芳，总是对她说："孩子，写得真不错，比起昨天，你的字又进步些了，如果能把撇和捺再写得有力度点，就更好了。"妈妈的肯定和支持，让芳芳学得很有动力，她每天严格要求自己，一定要按照妈妈说的做。就这样，芳芳的字一天比一天写得好。正是妈妈的赞赏，给了芳芳动力，让她更加努力，才取得了今天的成绩。

在家庭教育中，家长如果一味地批评孩子，会让孩子觉得自己一无是处，对自己的能力产生怀疑，遇到困难的时候，他会畏首畏尾，犹豫不决，不知道自己是否能够应对。家长不妨对孩子的批评少一些，欣赏多一些，让孩子的自信多一些，笑容多一些。

语言暴力要不得

孩子做错事的时候，许多家长第一反应就是责怪孩子："怎么这么笨呀？都说了好几次了。""一点儿都不听话，真不知道你耳朵长在哪里的？""有没有长脑子啊？"殊不知，这样不仅会打击孩子的自信心，还会对孩子的成长造成很大的影响。大人也会犯错误，何况是孩子？在和孩子沟通交流的时候，换一种方式，不要以家长的口吻、责怪的口吻和孩子说话。孩子的认知能力有限，我们不能苛责孩子能够像成人一样为人处世。换一种方式和孩子交流，告诉他"你很棒""你能行""你做得很好"，那么，每一次的失败都会成为孩子进步的阶梯。

圆圆是个调皮的孩子，虽然已经上小学三年级了，但还是经常淘气，他总是将自己弄得脏兮兮的，自己的房间也是一团糟。圆圆的妈妈是个非常爱干净的人，平时总是跟在圆圆后面给他收拾，耳提面命地要他注意卫生，但是圆圆总是左耳进右耳出，从不见行动和好转。

有一个周末，圆圆妈妈的同事张阿姨带着她的孩子来做客。圆圆妈妈把客人接回来一看，客厅乱得不成样子，满地都是圆圆的玩具，沙发垫子也掉在地上，吃完的果皮乱七八糟扔在地上、桌上。圆圆妈妈非常生气，但是当着客人的面又不好发作。只是让圆圆回自己的房间去玩。中午吃饭的时候，圆圆妈妈去叫圆圆吃饭，开门一看，早上刚收拾好的房间变得又脏又乱，圆圆妈妈气不打一处来，她忍不住走过去拽起圆圆，狠狠地打了他一巴掌，说："你看看你，搞得那么脏，像个小花猫，都这么大了也不知道羞，我都说了你多少次了，看见你我就生气。"

妈妈骂得圆圆眼泪吧嗒吧嗒地掉。张阿姨见此忙过来打圆场，她对圆圆妈妈说："小孩子淘气在所难免，你不能总是这样教训他，时间久了孩子不但不听话，还会有逆反心理。"圆圆妈妈叹了口气说："是呀，我每天不止一遍地批评他，给他讲道理，可他就是不知道改正，你看看这孩子都成什么样子了，哎！"张阿姨笑着说："别太在意，小孩子都是这样，你可以换种方式来教育孩子，比如表扬他、鼓励他，调皮的孩子都是吃软不吃硬的。"圆圆妈妈想了想，点了点头。

第二天早上，圆圆妈妈做好了早饭去圆圆房间叫他吃饭，笑着对圆圆说："呀！我儿子今天有进步呀，居然会自己叠被子了，还叠得这么整齐，房间也比昨天要整洁了，真不错，希望儿子明天再接再厉。"圆圆不好意思地摸着脑袋，看着妈妈笑了。从那以后，圆圆妈妈只要看到孩子有一点进步，就奖励他、表扬他，这个办法还真有效，圆圆现在每天都很整洁，和以前简直判若两人。

有一位心理学家曾经这样说过：一个在父母的苛责中成长的孩子，会潜意识地认为无论做什么都得不到父母的认可，长此下去，孩子就会失去进步的愿望，变得消极而孤僻。因此，家长要经常给孩子鼓励和肯定，换一种方式和孩子沟通交流，有进步就表扬，做错事就引导，培养孩子的自信心，造就孩子良好的学习和生活习惯。换一种方式和孩子说话，孩子就会始终以积极的姿态去面对学习和生活。

给孩子独自成长的机会

父母并不是孩子的主导者，孩子是一个独立的个体，有他自己独特的个性和想法。虽然现在需要父母的引导和帮助，但这并不意味着父母可以包办代替孩子的一切。父母是孩子人生的导师，不是孩子人生的执行者。家长要明白这一点，因为这对孩子的成长很重要。

很多家长对孩子过分保护，导致孩子从小没有独立空间，事事由父母操办，样样由家长裁定，孩子自由选择的余地非常小。这种家教方式抹杀了孩子的个性，使他们产生自卑心理，遇事唯唯诺诺，缺乏独立生活、学习的能力，影响孩子的健康发展。事实上，孩子最希望的是在家庭中获得自由、尊重和平等。

小乐和妈妈吵了一架，哭得很伤心。她在日记里写道："妈妈把我当成小孩子，什么事情都要管着我，还老喜欢偷看我的日记，我真的很难过。"

事情的经过是这样的：小乐这几天总是无精打采，郁郁寡欢。妈妈问她怎么了，她总说没事。看见孩子这样子，妈妈心里很着急。下午妈妈在给小乐打扫房间的时候，突然想起小乐有记日记的习惯，每天晚上都会把白天发生的事情记录在日记本上，这几天孩子有心事不愿意对自己说，但是她肯定记在日记里面了。于是妈妈就打开抽屉，找到小乐的日记一页一页看起来。原来是这几天小乐和同学闹别扭了，所以才心情不好。妈妈看得太专心，以至于忘记了时间，小乐放学回来的时候正好看到妈妈在看她的日记。妈妈赶紧说："我也是因为关心你，想了解你，希望能帮你解决问题。"小乐哭着说："关心我就偷看我的隐私？我都这么大了，你还总把我当小孩儿，不给我点自由空间。你这是不尊重我！"妈妈尴尬地说："女儿和妈妈之间还有什么隐私？我是担心你有事自己处理不好！你还是个孩子，要什么自由空间，什么事都要和妈妈讲，妈妈会帮你处理好所有的困难。"小乐大声喊了一句"没法和你沟通"，就哭着跑开了。

其实孩子有孩子的世界，他们有自己的想法和空间，以后的路要他自己去走，家长只能引导孩子，而不能控制孩子。家长只能充当顾问的角色，帮助引导孩子解决他遇到的难题，而不是什么都帮他解决，这样并不是真正对孩子好。

实践证明，家庭教育的最佳方式是充分尊重孩子的自由意识和主体意识，把他们当作家庭普通一员对待，既不特殊，也不忽视。尽可能满足他们的合理要求，让他们自己去干，使他们的想象、创新、动手能力得到充分的发挥。即使一时做错了，也不要大惊小怪，而应晓之以理，使其懂得什么是正确的、能做的，什么是错误的、不能做的。给孩子自由选择的机会，孩子的选择体现了孩子自己的爱好与内心的需要。给孩子属于自己的自由空间，让孩子用自己的思维支配自己的行为，这不仅可以培养孩子的独立性和创造性，还可以有效培养孩子"自强不息，战胜困难"的精神。

给孩子创造良好的家庭环境

良好的家庭环境能够帮助孩子养成良好的品性。一个在宽松的家庭中长大的孩子，容易形成乐观、坚强、开朗的性格。孩子幼小的时候，接触的事物比较简单，想法也比较单纯，对家庭，对父母的依赖性很强，家庭教育尤为重要。父母的言行举止、想法思维，都会成为孩子模仿的对象，这个时候，父母的教育占绝大部分，对孩子性格的塑造，以及人生观和世界观的形成非常关键，父母和孩子的沟通方式，显得尤为重要。但是随着孩子年龄的增长；接触的事物越来越多，他开始学会自己观察、思考，对一些问题开始有了自己的看法，跟父母说的话就会越来越少了。父母和孩子之间的沟通减少，对孩子也就越来越不了解了。在孩子的成长过程中，他会碰到很多不明白的事情，会困惑，会迷茫，父母如果不及时和孩子沟通，或者沟通不畅，对孩子的成长就会造成一定的影响。如果一个孩子能与自己的父母建立平等的亲密关系，他的言谈举止自然会渐渐变得高雅，性格也会变得乐观、开朗、豁达，以后在面临人生的种种挑战的时候，也会比较勇敢、自信。

孩子从小学到初中，再到高中乃至到上大学，随着知识面的扩大，理解能力的增强，人际交往的增多，孩子在家的时间会越来越短，家庭教育的作用将逐步弱化，家长在孩子的知识传授和思想教育方面已经失去了着力点，这个时候，家长只能是帮助孩子把把方向了。

交谈是家庭中必不可少的一项内容，也是家庭教育中一项重要的手段。比如，在吃饭的时候、在看电视的时候、在出游的时候，家长和孩子的交谈是无拘无束的。家长带着耐心、好奇心、宽容心甚至一颗童心和孩子交流，不仅体验到了乐趣，忘却生活中的烦恼，还能从这些交谈中体验到养育孩子的成就感。家长应该以平等的姿态与孩子交友、畅谈，不摆家长的架子，同时也尽量做到不唠叨。有些道理孩子已经明白了，就绝不要絮絮叨叨，没完没了。

代沟的产生，就是由于家长不了解孩子的世界，家长的思想跟不上时代的步伐，许多时候，交谈还要由孩子提供话题，所以两代人之间，要有共同的话题。足球联赛中家乡的球队表现如何、超女比赛的名次又发生了什么变化、近期歌坛又出现了什么当红的歌星等，都是可以交谈的内容，交谈的气氛也会显得特别轻松。

现代社会，信息日新月异，社会环境对孩子的影响越来越大，家庭教育的功能正在逐渐缩小，家长再也无法扮演"百科全书"式的角色。家长的权威性影响正在减弱，因此两代人的相互影响更多地体现在兴趣爱好、思维方式、价值观念等各个领域。孩子喜欢读书，我们就一起交谈读书体会，孩子喜欢看电影，我们就和孩子交谈看电影的心得我们还可以和孩子一起看足球、看歌星的演唱会。总之，和孩子沟通，就是要进入孩子的世界。

帮助孩子解决困扰

俗话说：少年不识愁滋味。在家长的眼里，孩子不需要承受工作的压力、生活的压力，忧愁跟孩子是不沾边的，这是大人的专利。对于孩子脸上表现出来的哀愁，家长常常熟视无睹，也不会设身处地地体察孩子的难处，更不要说行之有效地帮助孩子分担忧愁。不但如此，很多家长还会给孩子施加压力，层层加码。孩子的心智发育尚未健全，承受能力也有限，压力过大往往会适得其反。不仅学不好功课，而且压力过大，心理产生扭曲，还会产生厌学逃学、偷扒抢劫、寻衅等行为，更严重者还可能走极端，自寻短见。

很多时候孩子之所以会出现厌学的情绪、逆反心理，都是因为孩子心中积满了忧愁焦虑的情绪，想通过这种方式释放出来。如果这时候父母对孩子的心理变化还是漠不关心，孩子将会更加孤独苦闷，又或者是父母即使知道了这种变化，但是对引起这种变化的原因并不关心，还是用常规的思维去面对，甚至用更为蛮横的手段去压制，那就很容易火上浇油，和孩子的关系越来越恶劣。

小雨上小学四年级了，一天晚上，小雨在写作业，妈妈在旁边看书。小雨写了一会儿，便对妈妈说："妈妈，今天我们班上的海平被老师罚抄课文了。"妈妈答应了一声，继续看自己的书。过了一会儿，小雨又说话了："妈妈，海平不去上体育课，被老师批评了。"

妈妈没有说话。又过了一会儿，小雨又说："妈妈，海平和琳琳吵架了。"妈妈心里想：怎么搞的，不专心写作业，心里老是想别的。刚想开口批评她，可是转念一想，觉得女儿可能是有什么心事，不然怎么会说个不停呢，于是妈妈便对小雨说："妈妈知道了，宝贝，等你把作业做好了，再好好跟妈妈说，好吗？"小雨点了点头，安心地做作业，再也没有说话了。

小雨做完了功课，妈妈和小雨边洗漱边聊起了刚刚说起的话题。海平、琳琳都是小雨的好朋友，海平是班长，学习成绩好，体育也好，还负责班级的网页，她的爸爸在外地工作，平时和爷爷奶奶在一起生活。在班上，海平和琳琳是同桌。

近段时间，海平负责的班级网页停办了，学校的体育训练也经常不去参加，前几天在上自习课的时候，海平和琳琳讲话，被班上的纪律委员记名，交到老师处，老师罚海平和琳琳抄课文五遍。今天上自习课的时候，海平又和琳琳说话，琳琳对海平说："不要说话，要不然被老师抓到，还会被罚抄课文的。"心高气傲的海平认为琳琳让自己出了丑，很生气，就对琳琳冷嘲热讽。就这样，两个人你一句我一句地吵了起来。最后，海平和琳琳互不理睬，两个人都只跟小雨说话。小雨觉得自己的思想负担一下重了起来，和琳琳讲话怕冷落了海平，和海平讲话又怕琳琳心里不高兴，她一时也不知道该怎么办了。妈妈问小雨："你觉得这件事是谁不对呢？"小雨想了想说："是海平不好。"妈妈又问："海平为什么要这样呢？"小雨皱着眉头说："海平因为自己的事情没做好，所以她这段时间心情很不好。"

妈妈又问小雨："那你觉得这件事情应该怎么处理呢？"小雨歪

着脑袋想了一会儿，说："我明天写张纸条放在她们的文具盒里，帮助她们两个把误会解开，朋友之间就是应该互相帮助的。"妈妈微笑着对小雨说："宝贝，你做得很对。"

小雨高高兴兴地去睡觉了。

孩子也有自己的困扰，认真对待孩子的困扰，正视孩子的问题，帮助孩子化解压力，是父母应该做的。当孩子面对困难的时候，作为父母应该告诉孩子，人生不如意之事十有八九，有很多不尽如人意的地方，酸甜苦辣常常相伴随。但是，无论发生什么事情，都要冷静、理智地对待，不要让悲观的或者消极的情绪影响我们绚丽多彩的人生。父母自己在面对困境的时候，更要冷静处理，用自身乐观积极的处事态度感染孩子，用父母宽广的胸怀去包容、体谅孩子，用父母的爱心和家庭的温暖去融化孩子心中忧愁的寒冰，给孩子的心田一缕温暖的阳光。为孩子分忧解难，让孩子脸上多一点笑容，让孩子的生活多一点阳光，孩子就会茁壮成长。

第四章

霍桑效应：倾听比责骂更具教育效果

什么叫霍桑效应

生活中，每个人都有情绪不佳的时候，需要倾诉，需要宣泄。孩子在宣泄情绪的时候家长认真倾听，能够让孩子感受到家长的重视和关心，从而激发自身的热情和积极性，提高学习效率，这种现象被称为霍桑效应。

在外国有一所学校，新学期开始的时候老师对每一个学生进行智力测试，以测试的结果将学生分为优秀班和普通班。结果有一次在例行检查的时候发现，一年之前入学的一批学生的测试结果由于一个老师的失误被颠倒了，结果弄反了。现在在优秀班的孩子应该是普通班的孩子，而普通班的学生现在应该在优秀班。但是这一年的考试成绩却和以往的每一年一样，优秀班的成绩明显高于普通班，并没有出现什么特别的情况。原本普通的孩子被当作优等生关注，在他们内心里，也就认为自己是优秀的，老师的关注加上自己的心理暗示，使得这些原本普通的孩子变成了优等生。

家庭教育中借鉴霍桑效应，可以治疗孩子的抑郁、自卑、紧张等各种心理疾病。在家庭教育中，有时候善意的谎言和夸奖可以造就一个人。父母用什么样的眼光看待自己的孩子，孩子就会成为一个什么样的人。孩子自己用什么样的眼光看待自己，就可以让自己成为什么样的人。

在人的一生中，有很多的愿望和梦想，但不是每一个梦想都能实现，每一个愿望都能达到；人的一生，有高兴，也有抑郁；有快乐，也有悲伤。那些不能实现的梦想，不能抵达的愿望，以及心中淤积的悲伤，不要压制下去，而要千方百计地让它宣泄出来，这样对成长才是有好处的。当孩子受到家长或者老师的关注和注视的时候，学习和交流的效率就会大大提高。

因此，父母要对孩子多关注，多给孩子正面的暗示，孩子才能更健康地成长，才能学会在日常生活中怎么与他人好好相处，明白什么样的行为才是同学和老师所接受和赞赏的。在平时的家庭教育中，家长要多给孩子关注，不能因为工作忙就忽视对孩子的教育，要帮助孩子养成良好的行为习惯，这样孩子才能受到更多人的关注和赞赏，也才可能让孩子的学习不断进步，对未来充满信心。

适应孩子的说话方式

"这个问题都说了多少遍了，你怎么还是听不懂？"

这样的话，相信很多家长都说过。在家长看来一个简单的问题，一看就会，可是孩子就是听不懂，真是让人着急。很多家长因为担心"只有我的孩子不会"，所以非常想马上告诉孩子这个事情应该怎么做。妈妈这种急迫的心态只会让孩子更焦虑，而且这样做也不利于孩子发挥主观能动性。孩子一旦觉得自己不如他人就会感到沮丧和烦躁。

陈霞的数学成绩很不好，考试总是不及格。妈妈经常因为这个问题责骂她，在做家庭作业的时候，只要陈霞做不下去，妈妈就会对她大发脾气。

妈妈：这么简单的题目都不会，你怎么那么笨！

陈霞：妈妈，这道数学题太难了，我不会算。

妈妈：老师不是讲过了吗，你到底哪里不会呀？

陈霞：分数除法太难了。

妈妈：拿过来让我看看，五除以五分之一，这不很简单吗？为什么不会？老师不也讲过了吗，书上还有类似的例题，你看了没有？

陈霞不语。

妈妈：分数的除法是用乘法来计算的，五除以五分之一，实际上应该乘以多少？

陈霞：五分之一？

妈妈：怎么会是五分之一呢？你到底听课了没有啊？

陈霞：乘法我也不是很懂。

妈妈：你一天都在干些什么，做了那么多题你还不会？你有没有认真听讲，有没有看过书呀？

陈霞被妈妈骂得眼泪汪汪。

妈妈：哭什么哭，这么简单的题目都不会，你还好意思哭。

案例中，最重要的是培养孩子的算题能力，家长应该引导孩子的学习欲望和主动性。但陈霞妈妈却单方面向孩子提问，语气还特别强硬，而且还逼着孩子回答问题。对着妈妈的疾言厉色，陈霞没有自信，就更加胆怯畏缩了。其实每一个孩子都有自己的学习速度，家长主要是引导孩子，让孩子讲出心里的想法。让场景再现一下，看妈妈如何改变说话方式：

陈霞：妈妈，数学题太难了。

妈妈：（先停顿一小会儿，再以柔和的声音说话）你有什么不懂的题吗？

陈霞：分数除法太难了。

妈妈：嗯，给我看看，五除以五分之一，老师是怎么教的呢？

陈霞：老师把分数倒过来算的。

妈妈：对呀，用乘法算，那么，该怎么算呢？

陈霞：五乘以一分之五，对吗？

妈妈：对呀，这个步骤不是做得很好吗？你是不是不会算乘法呢？我们一起来算好不好？

陈霞：好呀，妈妈你教我。

妈妈：当然，但是以后要是你碰到了连妈妈也不会的题目怎么办呢？

陈霞：我以后在课堂上认真听讲，课后好好复习。

妈妈：这样就对了，课堂上好好听讲，课后好好复习就可以了。

孩子毕竟是孩子，父母和孩子交流的时候，要注意孩子的理解能力和说话的速度，像这样合着孩子的理解能力和说话的速度进行对话叫作"步测"。说话速度慢的人与说话速度快的人对话会有抵触情绪，但是两个说话速度一样的人对话彼此就会产生"同类人"的感觉。除了说话的速度，说话的内容和话语多少，声音的高低和身体动作上步调一致也是一种步测，如果家长想与孩子进行心灵的对话，就要记住这个步骤，不然对话就很容易变成单方面的说教。

当你发现你讲过很多次的事情孩子还是听不懂，你可能会很着急，同时又为孩子担心，但还是不能操之过急，配合孩子说话的内容和速度进行对话，这样才能消除孩子的不安和焦虑，让孩子恢复平静。

跟孩子统一"战线"

"我不想当班长。"当孩子底气不足的时候，常常会说这样的话。其实并不是孩子真的不想当，只是想在父母那里寻求自信。很多时候，家长为了鼓励孩子，就会对孩子说"你可以的，只要再加把劲儿，你会做得更好"之类的话。其实孩子已经很努力了，可是家长还是催着他再加把劲儿，孩子会怎么想呢？也许更没有信心了。

娉娉的妈妈发现女儿这两天的情绪有点不对劲，总是闷闷不乐、无精打采的。

妈妈：娉娉，怎么了？这几天总是无精打采的。

娉娉：没什么。

妈妈：发生了什么事？

娉娉：唉……妈妈，班长真不好当。

妈妈：怎么啦？谁说你什么了？

娉娉：班上有两个同学打架，我是班长，对谁都不能偏心，真烦。

妈妈：难怪，我觉得你应该好好当这个班长。不过他们迟早会和解的，不用太担心。

娉娉：能和解的话还用我担心吗？唉，妈妈，我真不想当这个班长。

妈妈：这是什么话？每次都这样，真没耐性！以后还能做什么。

娉娉：……

妈妈：同学们是因为信任你，才选你当班长。你不能泄气！

娉娉：他们把自己不愿意做的事情全推给我，我真不想当这个班长！

上述对话中妈妈根本不关心孩子的苦恼，总说"该好好当班长""好好干"之类的话。每一个做父母的人都希望自己的孩子能充满信心，但是上述案例中的这位妈妈的鼓励方法在孩子听来就是"你这样当班长是不行的""你根本没有用心去做"。孩子会觉得妈妈不是跟她站在同一立场上的，或者自己的努力没有得到妈妈的肯定。孩子其实已经很努力了，但是妈妈却并不满足，就像是勉强让已经没有力气的马儿继续跑一样。其实上述案例中妈妈可以换一种说法——

妈妈：娉娉，怎么了？这几天总是无精打采的。

娉娉：没什么。

妈妈：发生了什么事？

娉娉：唉……妈妈，班长真不好当。

妈妈：班长不好当？发生什么事了？

娉娉：班长有两个同学打架了。

妈妈：是吗？

娉娉：我是班长，对谁都不能偏心，真烦。

妈妈：哦，原来你是为这事犯愁啊！唉，班长确实不好当！

娉娉：同学们都让我解决，可我不知道怎么解决呀！

妈妈：这事真不好解决，那你想怎么办呢？辞掉班长的职务？

娉娉：不是。累是累，可我还是想当班长。

妈妈：是吗，那么妈妈该怎么帮你呢？

娉娉：不用了。妈妈，跟你说了以后我感觉好多了。

妈妈：真的？谢谢你能跟妈妈讲这些，妈妈永远都支持你。

娉娉：妈妈，我知道了。

父母跟孩子站在同一条"战线"上，理解孩子，那么孩子就可以冷静地整理自己的思绪。当孩子向父母倾吐自己的烦恼的时候，父母不要急着给孩子下结论，而是让孩子自己选择该怎么做，要告诉孩子，父母永远站在他这一边支持他。孩子向父母倾诉了自己的烦恼，感觉轻松了，也就可以很好地处理自己的情绪了。

用心去倾听

用心倾听的意思是把孩子放在和父母平等的位置上，真心实意地听孩子说话，而不是形式上的用耳朵听，要让孩子感到"爸妈正在认真听我讲"。但是在实际的家庭教育中，很多父母都喜欢对孩子说教，却从来不听孩子在说什么。学会倾听孩子的心声，是非常重要的，对孩子的成长有很大的帮助，父母是孩子最可信赖的人，在孩子说话的时候，不要试图打断他。

生活中，经常有这样一种情况，孩子刚刚想说话的时候，妈妈就在一旁打断孩子，自己说自己的。比如，孩子刚说了一句："妈妈，我觉得那件白色的连衣裙挺漂亮的。"妈妈马上就接过去说："哪件连衣裙，你已经有那么多裙子了，还想买吗？"孩子就可能会觉得尴尬，久而久之，对父母说的话就越来越少了。

孩子在说话的时候，很多家长都喜欢打断他们，一股脑儿地把自己的想法说出来，有时候，会让孩子觉得很下不来台，让孩子很难为情。

小文的妈妈有一次带着他和朋友去逛街，路过一个玩具店的时候，小文兴奋地对妈妈说："妈妈，我觉得那个奥特曼的机器人很好看。"小文的妈妈以为他要买，赶紧打断他说："什么奥特曼，你的玩具已经够多了，妈妈今天身上带的钱是要给你外婆买生日礼物的，你知道吧！"小文听到妈妈的回答，马上就不高兴了，就是想买。

其实孩子提起那个机器人未必就是想买，妈妈这样说，反而激起了他心中的欲望，所以，父母一定要慎重地对待孩子说的话。生活中，有些父母对孩子说的话并不放在心上，而是以一种轻视或者旁观的态度来对待。

有一天，佳佳的妈妈接到了孩子课间给她打来的电话，佳佳在电话里说："妈妈，我觉得今天身体很不舒服，头昏脑胀，浑身没劲儿，上课的时候一直想睡觉呢。"妈妈心里虽然担心孩子生病了，可是嘴上却说："让你昨天晚上看电视不要看久了，早点休息你不听，现在不舒服了吧。"妈妈这句话让佳佳很难过，一声不吭地挂断了电话。佳佳的妈妈因为没有能够控制住自己想说的话，让孩子产生了反感。跟孩子说话的时候，弄清楚孩子心里的真实想法是很重要的。

其实要了解孩子心里的想法并不难，有时候简简单单地重复一下孩子的"话尾"，就能够让孩子对你打开心扉说出心里的话。有一位心理学家曾经做了一个实验，他在一个由小学生家长组成的家庭教育指导班上，找了两组家长，一组扮演听的人，一组扮演说的人。

A：我昨天晚上去超市购物了。

B：去超市购物了！

A：超市的人真多呀，人山人海，我排了一个晚上的队。

B：排了一个晚上的队？

实验结束之后，心理学家问家长们有什么感想，听的人大部分都说：不知道为什么单纯重复别人说的话也不容易，总感觉有点别扭，有点说不出口。可是说的人却说：没有觉得对方是在重复自己说的话，只是觉得对方在非常认真地听自己说话，而且这种感觉还很好，感觉自己被重视。可见，重复别人说的话看起来很简单，但是它却能传达出我"我在认真听你说话"的信息。

表示认真听孩子说话除了重复孩子说的话之外，肢体语言也能够传达出这个意思。孩子是很敏感的，父母细微的表情或者小动作，都能够让孩子看出你是不是在认真听她说话，即使父母伪装得再好，孩子敏锐的眼睛也能够发现。

和孩子说话的时候，看着孩子的眼睛。很多家长在和孩子沟通的时候，都不看孩子的眼睛。其实，在两个人谈话的时候，要是对方不看着自己的眼睛，就会觉得很不愉快。眼睛是心灵的窗户，孩子心里的很多想法，都能够透过这扇窗户传达出来。有一位老师做过一个实验：他把家长分成两组谈话。一组家长看着对方的眼睛在谈话，另一组家长则是不看对方的眼睛说话。实验结果表明，不看对方眼睛的那一组家长很难把话题继续下去。一位家长说："我在和孩子谈话的时候，从来没有看过他的眼睛，现在想起来，他不知道有多伤心呢。"现实生活中的家长们，在你们和自己孩子谈话的时候，是不是看着他的眼睛呢？

看着孩子的眼睛表示你想认真听她说话，而孩子在说话的时候，你不断地点头，则表示你正在认真听孩子说话。孩子说话，父母点头附和，也可以时不时插一句"哦，是吗""接下来呢""嗯，我也这样认为"等，这样会让孩子谈兴更高。如果你不想附和说话的人，只是安静地听着，那么即使你听得很认真，孩子还是无法感受到。

跟孩子说话的时候要注意姿势和身体动作。眼睛要平视孩子，托起腮帮子坐着或者扬起手的姿势会带给孩子压迫感，其实很多父母没有发现，自己平时一些习惯性的动作也会带给孩子不安或者不愉快的情绪。

孩子说话的时候，父母要注意自己的表情。孩子在和家长谈话的时候，最怕看见家长一脸严肃的样子。看着家长满脸的不高兴，孩子就会产生瑟缩的情绪——"下面的话还该不该继续说""是不是我讲得不对"等。久而久之，孩子就会产生沟通障碍，说不定再也不愿意和父母谈心了。人们在专心做事的时候很容易做出让人害怕的表情，而孩子们对这些表情的反应更敏感，所以跟孩子对话的时候请你一定要注意自己的表情。

有时候，当父母正忙得不可开交，这个时候孩子跟你说话，很多父母就敷衍孩子，勉强听着，其实这样的方法也是不妥的，孩子能够感觉到你的敷衍，你应该清楚地跟孩子表明："妈妈现在正忙着写这份报告呢，等一会儿你再和妈妈说好吗？"这比敷衍孩子、勉强听着的效果更好。而且，也不会打击孩子的自尊心，容易赢得孩子的好感。请记住，孩子一旦关闭心门，再重新打开是非常困难的。

接纳孩子的情绪

在孩子的成长过程中，父母常常会扮演救苦救难的角色，当孩子告诉父母她所碰到的困难，或者心里的困惑时，父母常常会马上给孩子提供解决问题的办法。然而，通常小家伙们却并不领情，甚至有时候还会大发脾气。

有一天放学之后，12 岁的隆隆哭着跑回了家："妈妈，今天上语文课的时候，老师说我的想象力太贫乏了，同学们都笑我。""老师怎么可以这样说你呢，我给老师打电话问问她是怎么回事。"妈妈说着就开始找电话本了。然而让妈妈惊讶的是，隆隆对妈妈的打抱不平并不领情，他哭着说："既然你决定这样做，那就随便吧！"说完，他气嘟嘟地跑回了自己的房间，"砰"的一声把房门关上了。

妈妈被隆隆这种激烈的反应着实吓了一跳，最终也没有给隆隆的语文老师打电话。后来，当隆隆的情绪平静下来之后，他告诉妈妈："妈妈，其实我不想知道事情的解决方法，我只是想发泄一下。"通过和隆隆的多次谈心之后，妈妈意识到隆隆其实并不喜欢自己救世英雄的角色。于是，当隆隆下一次再向她倾诉某件事的时候，妈妈总是这样问："你是想听听我的建议和想法，还是只想向我倾诉一下呢？"当妈妈改进自己的方法之后，就很少再与隆隆产生冲突了。

孩子在成长的过程中，肯定会碰到很多他们想不明白的事情，有很多的情绪需要向父母倾诉。可是，更多的时候，他们不是要向父母所要解决的办法，而只是想让父母认同、肯定和接纳他们的情绪。尤其是性格比较敏感的孩子，如果父母肯定他的情感，他就会感觉到自己被重视，即使正在受到坏脾气的干扰，父母对他的情感的认同和肯定也能很快地使他从这种坏情绪中摆脱出来。但是如果孩子的情绪没有得到父母的关注，他们就会有种不被父母重视的感觉，也正是这种感觉让孩子觉得伤心，他们会继续哭闹，甚至大发脾气，而情感一直得不到父母肯定的孩子最终会有一颗悲观的心。

其实，当孩子向父母表达自己情感的时候，尤其是负面的情感如悲伤或者愤怒时，父母与其着急地给孩子想办法，不如接纳孩子的情绪，并对让他产生负面情绪的遭遇表示同情。

学校组织看话剧表演，小麦从学校回来之后，情绪很低落，她看到桌上的晚饭，禁不住大声抱怨："妈妈，你又放辣椒，你知道我不喜欢吃辣椒。"妈妈说："这是怎么了，是不是在学校碰到什么事情了啊。"小麦气呼呼地坐在沙发上说："今天看话剧的时候，我前面坐了一个高个子的男生，挡住了我的全部视线，而且他的头还不停地晃来晃去。""哦，原来是这样呀，那确实是挺不幸的，不单坐在后面，还有一个坐不住的高个子男生，简直太糟糕了。""确实是这样的。"小麦慢慢地平静下来了。"妈妈，今天的晚饭闻起来好香哦。"

当孩子情绪激动的时候，做父母的最重要的是接纳孩子的不良情绪，并对他的情绪表示同情，而不是火上浇油。如果小麦的妈妈这样说："我辛辛苦苦做了大半天的晚饭，你还不知道感恩。"这势必会引起小麦的反感，或许到了最后，两个人都筋疲力尽，妈妈觉得小麦不懂事，小麦觉得妈妈不体贴，小麦可能会为这乱七八糟的一切而沮丧。

倾听需要技巧

大部分家长喜欢对着孩子说教，一遍一遍，不厌其烦，说得孩子心生反感。其实，聪明的父母与其做一个高明的说教者，不如做一个高明的倾听者。善于倾听孩子说话的父母，能够让孩子从小就学会尊重别人，善待别人；也能够让孩子感觉到父母的关爱，有助于树立孩子健全的人格，让孩子学会独立思考。等到孩子长大成人，他也会习惯地俯下身去，倾听别人说话，就像小时候父母对他那样，关心别人，关注别人。

父母是孩子最亲近、最信赖的人，和爸爸妈妈在一起，孩子才是最无拘无束的，因此，在父母面前，孩子总是叽叽喳喳地说个不停。碰到什么高兴的事情，孩子首先想到的就是父母，要跟父母一起分享；碰到了什么烦恼，也最想跟父母倾诉，希望能从爸爸妈妈那里得到安慰。如果父母能够时时刻刻关注孩子的情绪、耐心地倾听孩子说话、帮助孩子解决情感上的困惑、及时地和孩子分享他成功的快乐、帮孩子排解他心里的苦闷、消除孩子精神方面的包袱、清除孩子情绪上的垃圾，孩子和父母的关系就会贴得更近，他也能够及时地获得心理上的调整，以更好的状态投入到学习和生活中。

学会倾听孩子讲话，能够了解孩子内心的真实想法，当孩子对你敞开心扉，你还能够获得更多与孩子交流的机会，也才能够知道怎么样更好地帮助孩子。学会倾听孩子讲话，还会让孩子觉得你很尊重他、在意他、关注他，这样，父母和孩子的关系也才能够更加亲近。

小邱的父母都是大公司的老板，每天忙着处理工作上的事情，根本没有时间对小邱进行很好的教育，甚至平时连见面的时间都很少。小邱今年上初中三年级了，性格孤僻，沉默寡言。有一天，小邱的父母被老师请到学校，老师告诉他们，小邱最近一段时间天天逃课去学校附近的网吧打游戏，而且还常常背着老师抽烟。父母听到老师反映的情况，大发雷霆，父亲当场就给了小邱一巴掌，怒气冲冲地说："你为什么这么不成器，简直让我丢脸。"一向温顺的小邱对着爸爸大吼："在你们心里，工作才是最重要的，你们从来没有关心过我。"说完就跑了出去。后来在老师的劝导之下，小邱和爸爸妈妈"握手言和"。小邱的父母也开始反省自己对待孩子的态度，他们开始关注孩子的情感和需求，不管工作多忙，每天都要抽出一点时间和孩子谈心，倾听孩子说话。小邱也不再像以前那么叛逆，笑容又回到了他的脸上。

倾听是一门艺术，父母掌握好这门艺术，在家庭教育中，能起到很大的作用。倾听孩子说话的时候，一定要注意方法：

第一，在和孩子说话的时候，不要摆家长的架子，要看着孩子的眼睛，与孩子平视，不要居高临下。

第二，身体要稍稍向前倾，表现出对孩子说的话很有兴趣的样子。

第三，不要用手捂着嘴巴，或者用两手抱着胳膊，或者做自己的事情。

第四，善于运用眼神，睁大眼睛看着孩子说话。

第五，在孩子说话的时候，不要对孩子说"这件事我早就知道了"。如果这样说，就是不尊重孩子，孩子才说两句，家长就很不耐烦地打断："我正忙着呢，别烦我。"这样会打击孩子说话的热情。

家庭教育中，家长不应只关心孩子的冷暖、吃住，还要满足孩子的情感需求，关心孩子感兴趣的事情。让孩子感受到你专心倾听的态度，是对孩子最好的关注，让孩子觉得他说的每一句话你都认真听了，会带给孩子情感上的满足。在孩子说话的时候，保持微笑，并常常做出吃惊的样子，时不时插几句"真的吗""后来呢"等话语，当孩子看到父母对自己所说的事情很感兴趣，会油然而生一种成就感，觉得自己很有本事。不论孩子对你说的话题有多么简单，你也不能表现出不屑一顾的样子，家长努力表现出很感兴趣的神态，孩子倾诉的兴趣就会自然而然地产生。如果家长总是摆出一副很严肃的样子，用一种漫不经心的态度敷衍孩子，孩子就会觉得很失望，慢慢地也就不再有倾诉的兴趣了。

化解孩子的对抗心理

现代家庭，很多父母和孩子的关系搞得很紧张，彼此无法沟通，一谈话就吵架。很多家长觉得很不理解：自己一心一意为了孩子，操碎了心，可孩子并不领情，还落得孩子的埋怨，怎么会这样呢？其实，这是家长的教育方法出了问题，当孩子对父母的说教听不进去，还采取顶牛对抗方式的时候，父母要控制自己的情绪，不要恼羞成怒口不择言，而是应该保持冷静和理智的态度，并想办法巧妙地化解孩子的对抗情绪，和孩子之间保持良好的沟通关系。

李子今年上初三在父母的眼里她叛逆早熟是个让人头疼的孩子。李子妈妈找到老师诉说："我和她爸爸都是 60 年代出生的人。现在的孩子心里在想什么，我们根本不明白，我和她爸爸虽然都是知识分子，但是在孩子的教育问题上，实在是太失败了。"李子妈妈的话语里有太多的无奈。

"我们把一生的心血都倾注在孩子身上，但是这些不但得不到女儿的认可，而且她还经常和我对着干，我觉得这孩子真让人伤心。"李子的妈妈提起自己的女儿眼圈红红的。

"我女儿比同龄孩子早熟，她上五年级的时候，就开始讲究吃穿了。一开始，我给她买的衣服她不喜欢，还冲我嚷嚷。我对她说，从小要养成艰苦朴素的习惯，不应该在物质上和别人攀比。她不说话，我以为她接受了。谁知后来，她虽然不再冲我嚷嚷了，但是却死活不肯穿我给她买的衣服。我不给她买她想要的衣服，她就借同学的穿。"

"上初一时，李子迷上了武侠小说，开始，我还以为她在房间里学习呢。那天，我给她拿水果过去，看到了课本下压着的小说，气得我当场就把书撕了，还给了她一巴掌。可是，女儿等我出去后，又哭着把书从地上捡起来，把撕烂的书用透明胶一页一页粘起来。从门缝里看到这个情景，我真是觉得悲哀，我对女儿的爱居然敌不过一本小说。自从这件事之后，孩子就基本上不理我了。我想过，是不是我有点儿粗暴。于是，我尝试着和女儿沟通，但是，她居然说没这个必要。"讲到这里，李子的妈妈有些哽咽，她希望老师帮她劝劝女儿。

当老师和李子交谈的时候，发现这个小姑娘很有自己的一套想法。"我妈就会跟别人讲，她多辛苦，我多不理解她，可她理解我吗？偷看我写的日记，不让我接男同学的电话，同学过生日，她又死活不让我去，整天唠叨我的不是，什么都得听她的，凭什么呀？我长大了，才不想被她牵着鼻子走呢。和家长有什么好交流的，结果还不一样？他们要的只是一个听话的木偶。"看来，这些话已经在李子心里憋了很久。

李子和妈妈之间的关系如此不和谐，这就是彼此之间的代沟造成的。在妈妈的眼里，李子永远是那个襁褓中的小姑娘，需要妈妈的关心和爱护。而随着岁月的流逝，李子早已经长大了，她不再是那个缠着妈妈的脖子要抱抱的小女孩，她有了自己独立的思维，她开始需要自己的私人空间，她也开始有了自己的小秘密，而这些小秘密，她不想让父母知道。做父母的如果不能正视孩子长大的事实，还是按照孩子小时候的方法教育孩子，觉得孩子的一切都应该在自己的掌握之中，那么，在教育孩子的时候，就很容易和孩子产生矛盾，激起孩子的逆反心理。

当孩子产生逆反心理的时候，父母首先要从自身寻找原因，也许是自己的教育方式不对。另外，在孩子有反抗心理的时候，父母要瓦解孩子心里的防线，化解孩子的对抗心理，而不是强迫孩子接受自己的观点。

化解孩子对抗心理的办法有很多种：

1. 耐心解释

当孩子提出类似"为什么别的孩子可以打游戏而我不可以"的疑问时候，家长要跟孩子耐心地解释，而不能只是简单地说："别人是别人，你是你，我说不准就是不准，不要问那么多。"这对于孩子来说就如同挨了一记耳光，从此在心里留下阴影。

家长应该借这个机会和孩子展开有关价值观的讨论，告诉孩子打游戏有可能会影响他的学习，等等。如果孩子要买一个特别昂贵的玩具，家长也不要简单粗暴地拒绝："我没有那么多钱给你买那么多没用的东西。"你可以和孩子商量，给孩子讲清楚如此昂贵的消费实际上并没有什么意义。

2. 把命令改成建议

很多家长在和孩子说话的时候，总喜欢命令孩子，与孩子的交流是家长单方面的意思，并没有考虑和尊重孩子的人格自主性。这样的教育，势必让孩子出现逆反心理，和父母对着干。在这个时候，家长可以改变一下说话的方式和口气，比如"换一种方式，你看如何"等，给孩子以建议。

从形式上看，建议是在征求孩子的意见，这样会让孩子觉得你在尊重他，他也必定会认真地听你说的话。而且建议是让孩子自己做出选择和判断，有利于培养孩子的思维能力和判断能力。

3. 暂时回避

在父母和孩子双方情绪都比较激动的情况下，父母主动放弃和孩子的抗衡。待孩子情绪缓和，冷静下来之后，再心平气和地和孩子谈。而这个时候，孩子也比较容易接受意见，改正错误。如果是家长的意见不合适，家长应该做自我批评，这样才能让孩子口服心服。因为平等的亲子关系，会给双方以好的感受。如果少了这个缓解的过程，对父母和孩子来说，都是不好的，只会伤了心，又伤了身体，甚至破坏了亲子关系，使家长和孩子之间产生隔阂。

第五章

登门槛效应：教育孩子要循序渐进

什么叫登门槛效应

在我们的生活中，常常会有这样一种现象：当你想请求别人帮忙的时候，如果一开始提出的要求就很高，很容易就会遭到别人的拒绝。而如果你先提出一个较低的要求，当别人答应之后你再一步一步深入，提出别的较高的要求，这样就比较容易达成目标。这种现象被心理学家称为"登门槛效应"。

在家庭教育中，也可以借鉴登门槛效应。比如，当孩子学习上碰到困难的时候，家长不应该一下子对孩子提出过高的要求，而是应该先提出一个只要比过去有所进步的小要求，当孩子达到这个要求的时候再通过鼓励和表扬逐步提出其他更高的要求。这样，孩子往往更容易接受并力求达到。

"登门槛效应"蕴含着一种教育的理性、教育的智慧。"随风潜入夜，润物细无声"，不经意处见匠心。根据"登门槛效应"，家长在制定目标的时候，一定要考虑到孩子的心理发展水平和孩子的心理承受能力。要分析孩子不同阶段的发展水平，根据孩子不同的年龄阶段，不同的能力层次，制定不同层次的、具体的目标，使孩子经过努力能够达到，即"跳一跳，就能够够得着"，让孩子能享受成功的喜悦。

家长在教育孩子的过程中，应该将远期目标和近期目标结合起来，将较高的目标分解成若干层次不同的小目标，以激发孩子的学习积极性。孩子一旦实现了一个小目标，或者说迈过了一道小小的门槛，那么在以后的学习生活中，他就会更有信心了。

比如，要求孩子养成良好的学习和生活习惯，家长可以首先要求孩子从找准自己的不足做起，根据自身的问题制定一个时间段（一周、一个月或者半年）养成一个好习惯的目标。如养成"早睡早起""控制自己不打游戏""做事情不拖拉""每天思考一小时""作业按时完成"等。每天坚持，长此以往，良好的学习习惯和生活习惯自然就会养成的。

有些家长对"问题孩子"的教育急于求成，常常恨铁不成钢，对孩子提出过高过多的要求。这样的教育是失败的，家长对孩子要有耐心，带着欣赏的眼光看孩子。善于发现孩子的闪光点和发展潜力，对孩子的进步作出积极的、鼓励性的评价，哪怕是一个鼓励的眼神、一个赞许的微笑、一次真诚的表扬，都可能唤起孩子的自信心，使孩子看到自身发展的希望，对学习和生活充满热情，健康快乐地成长。

给孩子定的目标不要太高

给孩子定过高的目标，孩子不容易完成，这样就容易打击孩子的自信心，打击孩子的热情。目标过低，孩子轻易就完成，也起不到鼓励的作用。给孩子定的目标要刚刚好，让孩子跳一跳才能够够得着，才能达到激发孩子潜力的目的。

乐乐小时候学打算盘，从 1 加到 100，是全班加得最慢的。学了一段时间之后，有一天回来对妈妈说："妈妈，我明天不去了。"妈妈问她："为什么呢？不是学得挺好的吗？"乐乐皱着眉说："我打算盘是全班最慢的，我不想打算盘了。"妈妈于是对乐乐说："宝贝，妈妈和你一起想办法好不好？"妈妈把高目标化为低要求：将要实现的高目标分解为低要求的多个小项目。妈妈把从 1 加到 100 的每 10 位的答案写在墙上，乐乐每打对 10 位，全家人都为她鼓掌欢呼。

乐乐打完 10 次，全家人围着她欢呼了 10 次，乐乐的自卑、恐惧一扫而空。本来害怕打算盘的乐乐，第二天就对妈妈说："妈妈，我现在喜欢打算盘了。"因为妈妈对乐乐的要求降低了，每次都是从成功走向成功，她在妈妈那里找到了安全感。不到一个月，乐乐打算盘就超过了班上的其他同学。

现在一些孩子成绩不好，缺乏自信，其根本原因就是因为父母的"高标准，高要求"造成的。目标定得太高，要求得太严格，容易打击孩子学习的积极性，破坏孩子的学习兴趣，孩子难以坚持下去。把目标定在孩子通过努力能够达到的程度，把一个大目标分成几个小目标，分阶段完成，给孩子以信心，让孩子从成功走向成功。

小赵今年高三了，学习成绩中等，他想稳妥一点，报一个与自己分数相当的本科院校。但是赵爸爸不同意，他认为儿子可以最后冲刺一下，报考重点院校。他经常拿小赵和亲戚家的孩子相比较，要小赵向他们学习。小赵的心理压力很大，成绩有下滑的趋势，眼看高考就要到了，他越来越着急，又不知如何排解这种情绪，他害怕回去看到父亲那张充满希望的脸，最后离家出走了。

生活中很多家长都和上面这位赵爸爸一样，给孩子定很高的目标，要求孩子"必须上重点本科""非清华北大不上"等。这种有"必须""一定"的字眼的话语，给了孩子很大的压力，很容易让孩子感到紧张和不安。父母应该与孩子多沟通，冷静地帮助孩子分析他们性格中的缺点和优点、长处和短处，正确地看待孩子的考试成绩，给孩子恰如其分的评价，让孩子感受到家长的关爱，感觉到父母的理解和支持，感觉到父母对他们的尊重和信任。

还有一些家长，喜欢把自己的孩子和别人的孩子相比较，或者爱用榜样人物来激励自己的孩子，喜欢把"某某的孩子轻松地考上了重点本科""某某的孩子在某某大赛中又获得一等奖"等之类的话挂在嘴边，以此来激起孩子学习的兴趣。一般情况下，这种激励不但起不到鼓励孩子学习的作用，还可能会伤害到孩子的自尊心，打击孩子的自信心。家长也容易在这样的比较中产生挫败感，从而影响到家长和孩子双方的情绪。

家长在教育孩子、鼓励孩子的时候，应该学会选择适当的参照系，善于做纵向比较，不要拿孩子和别人相比较，而是应该拿孩子的现在和过去相比较。孩子在原来的基础上有所进步，即使他和其他的孩子相比还是有一定的差距也应该毫不犹豫地鼓励孩子肯定孩子的努力，孩子才会越来越进步。

先提一个较低的要求

家长在教育孩子的时候，应该先对孩子提出一个比较低的要求，让孩子先完成一个比较容易完成的任务，增强孩子的自信心，等孩子尝到成功的甜头，再对他提出进一步的要求。在一般的情况下，人们都不愿意接受一个过高的、过难的任务，因为这种任务既费时费力，又难以获得成功。相反，对于一些容易完成的任务，人们比较容易接受。

外国有位著名的心理学家曾经说过：人的积极性不仅仅来源于他所要实现的目标的价值，更取决于实现目标的概率。也就是说，一件事情，完成的概率越大，实现目标的机会越多，人们越有兴趣。反之，人们就提不起积极性。

然而，在现实生活中，很多家长总是错误地认为，在给孩子制定学习目标的时候，如果把目标定得高一些，孩子有压力才会有动力，即使他暂时实现不了目标，以后也一定可以达到的。因为这种心理的指导，家长在给孩子制定目标的时候，常常脱离实际，把长期目标和短期目标都制定得过高，给孩子很大的压力。事实上，如果学习目标远远地超出了孩子能力承受的范围，就很可能导致孩子在努力的过程中，不断地承受失败的打击，最后反而失去了学习的热情，变得缺乏自信心。

兰兰今年上五年级，成绩很不好，妈妈看在眼里，急在心上。

这一次期中考试，兰兰又没及格。晚上吃完晚饭，妈妈问兰兰："怎么这一次又没考好呢？"

兰兰低着头回答："考之前我也看书了，但是那些题我实在不会做。"

"是不是因为你上课的时候没有认真听老师讲课呢？"妈妈问道。

兰兰点了点头。妈妈又问："那上课怎么不认真呢？"

兰兰小声说："因为我上课打瞌睡了。"

妈妈问："为什么会打瞌睡呢？"

兰兰回答："因为晚上看电视到很晚。"

妈妈说："那从今天开始，按时睡觉，这样坚持一周，你觉得怎么样？"

兰兰点了点头："好。"晚上，兰兰没有再看平时喜欢看的电视剧，按时睡觉了。

第二天放学回家，妈妈问她在课堂上的表现怎么样，还有没有再打瞌睡，兰兰回答说没有。

于是妈妈要求兰兰上课要认真。兰兰也做到了。到期末考试的时候，兰兰还考到了班上前几名。

兰兰妈妈这样的教育方法就是先给孩子提一个较低的要求，先从按时睡觉做起，然后再提出更高的要求。先给孩子提出一个较低的要求，孩子容易做到，让孩子享受到成功的喜悦，孩子就会有动力，积极性调动起来了，孩子对其他更高的要求就会欣然接受，最终获得成功。

不要让孩子做他做不到的事

做父母的都希望自己的孩子乖巧听话，但是如果父母让孩子做他做不到的事情，他当然就不会听话。因此，父母在让孩子做事情以前，必须清楚地了解哪些是孩子能够做到的，哪些是孩子做不到的。人的天性是自私的，比如你让三岁的孩子大公无私，学"孔融让梨"他就很难做到。孩子天性好动，让他安安静静地坐半个小时听老师讲课或者做作业，那是很难的。每个孩子的学习能力区别很大，要求自己的孩子每门功课都考第一那显然是不可能的。不了解孩子的个性，一厢情愿地想把孩子塑造成某种类型的人是不现实的。

家长要清楚地了解自己的孩子能做什么、不能做什么，首先得看孩子的年龄。不同年龄阶段的孩子认知行为功能的发展水平是不一样的。要让孩子做符合他年龄阶段的事情。其次得看孩子的个性。每一个孩子都是独特的存在，都有自己与众不同的特点，有些方面领先一些，有些方面落后一些。孩子所做的事情符合他的个性，他才能感兴趣，才能做得更好。再次就是考察孩子的实际能力。对孩子比较关注的家长通常对孩子的能力和特点了解得比较全面，应很好地掌握孩子的能力，知道孩子哪些事情能做到，哪些事情不能做到。而有些家长因为忙于工作，和孩子接触的时间比较少，对孩子的了解也比较少，有时难免会提出不符合孩子能力的要求。因此，了解孩子的能力和特点，才能对孩子提出合理的要求，孩子才能成为一个听话的乖宝宝。

张女士最近很苦恼：儿子滔滔太调皮，上课不仅不好好听老师讲课，还经常和同学讲话影响别人，为此张女士和老师已经无数次教育过他。起初还有些效果，但是没过几天就又犯了。现在几乎每天都要跟他重申这个问题，但似乎效果越来越差了。

生活中，很多家长都有这样的感触：自己为了孩子的教育问题煞费苦心，孩子却还是我行我素。其实，家长的教育之所以没有效果，主要是因为教育方法不当造成的。大多数家长把孩子当成自己的私有物品，要求孩子应该这样不应该那样。这种要求或许在孩子年幼的时候有效，但是随着孩子年龄的增长，独立意识的增强以及对这种教训的习以为常，往往效果就越来越差，甚至会走到相反的一面。

一位教育专家曾经建议，家长要想让孩子听话，不妨记住这样一些原则：不要让孩子做超出他能力范围的事情；让孩子做的事情一定要做到；做到了要及时奖励。比如对于孩子上课时讲话这件事，家长首先不要对孩子提出空泛的要求，比如不要讲话。一个思想不集中的孩子不是凭着一句"不要讲话"就可以教好的。家长可以把目标分级，比如原来一堂课讲三次话，那么在孩子做到次数逐渐减少时就应该鼓励和表扬，当然这些方法也要和老师配合起来做。

家长必须明白一个事实，孩子的注意力不集中并不是故意的，不要经常训斥孩子或者把自己的孩子和别人的孩子相比较。家长也可以利用孩子的上进心和自尊心来教育孩子。在批评孩子的时候，不能简单粗暴地骂一顿就完事，而是要注意方式方法，先严后缓，做好孩子的思想工作，让孩子心服口服，只有这样教育才能达到目的。家长在和孩子谈话时，态度要真诚，要尊重孩子的意见，要注视孩子的眼睛，让孩子明白你是严肃的、认真的。

除了直接的教育，家长还可以使用旁敲侧击的方法，这种教育方法的精髓是"不明说"，引导孩子自己去领悟，让孩子悟出事情的真谛，从而达到自我激励、自我约束的教育境界。其实，面对孩子的错误，很多时候启发比大声呵斥更有效果。如果能让孩子主动认识到错误并加以改正，效果就会更好。

压力过大，压垮孩子

曾经轰动一时的少年天才魏永康，两岁开始认字，八岁上中学，十三岁以高分考进湘潭大学，十七岁考进中科院高能物理研究所硕博连读，二十一岁的时候却因为生活难以自理，难以与人相处而肄业回家。一个有着大好前途的青年为什么最后沦落到连工作也没有的地步？这和他的父母对他的教育有很大的关系。

魏永康的母亲曾雪梅和天下所有的母亲一样，热切地期盼着儿子能早日成才。当她发现儿子有着非同于常人的智商的时候，非常高兴。她在墙上用毛笔写下"万般皆下品，唯有读书高"来激励儿子。为了让儿子一心读书，她包办了儿子所有的生活上的事，帮他打洗脸水，帮他铺床，连吃饭都是她喂到儿子嘴边。在母亲无微不至的照顾之下，魏永康是"两耳不闻窗外事，一心只读圣贤书"。曾雪梅让孩子变成了读书的机器，在她的心目中，学习比什么都重要。她没收了儿子一切课外书籍。魏永康一天也没有离开过书，站也看书，坐也看书，时刻都在看书。她给儿子定的目标就是要考上博士，当上科学家，一心一意搞研究。魏永康的大学四年，都是在母亲的陪护下度过的。

"为学须得先为人"，显然曾雪梅没有这么想，她只要求儿子一心一意读书，却很少教会儿子为人处世的道理。魏永康在同学中极不合群，与人交往的方式仅仅是一句话："你好"或者是一个动作——握手。礼仪知识他知之甚少，甚至几乎没有这方面的概念。他很少主动和人打招呼，也不懂得待人接物最基本的礼貌。以至于他进了中科院之后，生活难以自理。大冬天，他不知道给自己加件衣服，连穿衣吃饭都需要别人的提醒。这严重影响他的学业，学校不得不让他肄业回家。

魏永康变成这样，母亲曾雪梅无疑要承担很大的责任。正是因为她望子成龙心切，没日没夜地挖掘着儿子的潜力，一腔心血全部付诸于儿子身上，唯一的目的就是想让儿子考上博士，包办代替了儿子生活中的一切事情。结果却适得其反，儿子不但没有成才，连生活都不能自理，还和她的关系势同水火，得不偿失。

根据调查，中国3.4亿未成年人中至少有3000万人存在学习、情绪和行为障碍。中国孩子普遍存在高分低能的现象，很多家长望子成龙，不断地给孩子加码，请家教、上特长班、买辅导材料、学钢琴、学画画，等等。杀鸡取卵的教育方法让孩子承受了过多的压力。

很多家长对于自己的孩子要求太高，总想把孩子培养成神童，也因此导致很多人在对孩子有过高的期望值的基础上实施教育，造成孩子在某些方面很突出，在另外一些方面很欠缺。很多父母太过注重孩子智力的培养，而忽略孩子能力的培养，结果造成了孩子能力上的欠缺和人格上的扭曲。

赶上前面那个同学

适度的压力是激励孩子学习的重要因素，它能够促使孩子更加努力地投入学习过程，并通过不断改变和调整自己来提高学习成绩。然而，压力过大，不但不能使孩子成绩提高，反而会使孩子讨厌学习，甚至憎恨学习，严重的还会对孩子造成心理上的伤害，对父母和孩子的亲子关系造成不利的影响。

路要一步一步走，在教育孩子的时候，也不能操之过急。如果孩子的学习成绩在班上是最后几名，你非要他在短时间内赶上第一名，这显然是不太现实的事情，也会给孩子造成莫大的压力，到最后，可能会让他放弃学习了。既要适当地给予孩子压力，又不能打击孩子的自信心和学习热情，更要能够激发孩子的学习动力，那么家长应该怎么做呢？下面这位妈妈的做法就非常值得我们借鉴和学习：

王宇今年上初中二年级了，有一次期中考试，他的数学只得了60分，回到家之后，他坐在沙发上闷闷不、低头不语，像犯了错误一样。妈妈看到他的样子，便问他："小宇，今天这是怎么了？怎么不高兴呢？"王宇小声地说："我们今天期中考试，我数学只考了60分。""噢，原来是这样啊！"妈妈听到王宇的回答并没有大发雷霆，她耐心地问王宇："你前一名的同学数学考了多少分？"王宇回答："70分。"妈妈于是开导王宇说："小宇，别灰心，一次的考试成绩并不能代表什么，咱下次的考试成绩争取超过你前一名的同学，好不好？"王宇声音响亮地回答妈妈："没问题，我一定可以超过他的。"

从此以后，王宇学习非常认真刻苦，不仅上课的时候比以前认真多了，回到家以后，还要看书，早上也不用妈妈叫他起床了，碰到不会做的题，主动去问老师和同学。经过一个月的努力，再一次考试的时候，王宇的数学成绩考了85分，远远超过了妈妈当时给他定的标准，也超过了那位同学，尝到了成功甜头的王宇在以后的学习中更努力了。这就是王宇妈妈设置的门槛——超过王宇前面最近的那位同学，结果，王宇通过妈妈的鼓励和自己坚持不懈的努力，不但成功地跨过了这道门槛，还给了妈妈一个很大的惊喜。

赶上前面那位同学，是先给孩子提一个较低的要求，孩子达到之后，再逐步提出更高的要求。先让孩子享受到成功带来的愉悦，以增强孩子的自信心和动力。这样，孩子既不会因为承受过大的压力而萌生想放弃的想法，也不会因为没有压力而失去上进的动力。

许多家长认为，孩子越是成绩不好，越应该给他施加压力，有压力才会有动力，目标定得高一些，孩子的起点就要高一些，也能离目标近一些。考试、排名榜都是为了激励孩子有上进心，树立远大的目标，向更高层次努力。其实，学习成绩的好坏和压力的大小，在一定范围内是成负比例的。有时候，孩子承受太大的压力，反而会事与愿违。如果孩子承受过大的压力，他的情绪会随着考试成绩的好坏而上下剧烈起伏波动，他可能会因为一点点小的进步而沾沾自喜，也可能会因为一次考不好而闷闷不乐。目标太高，孩子望尘莫及，有可能会打退堂鼓。先让孩子赶上他前面的同学，孩子有信心有动力，积极性自然就高了，学习成绩也就会上去了。

让孩子自己制定目标

没有计划的生活往往是无序的，没有目标的生活也往往是盲目的。现在的很多孩子不是不爱学习，也不是故意要去犯错误，而是因为他们做事情没有计划性、和目的性。因此学习和生活一塌糊涂。如何培养孩子有计划、有目的地生活和学习，养成良好的习惯，就是家长应该认真思考的问题了。

家长应该教会孩子制订学习计划。学习计划不是除了学习，还是学习，应该劳逸结合。废寝忘食的学习，不是最好的办法。孩子正在长身体，制订的学习计划，要和孩子的身体状况相适应，而且，只为学习的计划也不是最科学的。

在制订学习计划的时候，应该长期计划和短期计划相结合。在一段比较长的时间内，比如说一个学期或一个学年，应当制订个大致的计划。在实际的学习、生活中，存在很多不稳定的因素，很多事情无法预测。这个长远的计划，是一个努力的方向，对自己要做的事情做到心中有数。有长远的计划，没有短期的安排，目标也难以达到。长远的计划是明确学习目的和进行大致安排，而短期的计划是具体的行动计划，每一周、每一天应该怎么实现这些计划，让长远计划在短期的计划中逐步实现。

每个新学期开始的时候，媛媛都会在心里要求自己，这个星期一定要好好学习，每次开学的头几天，她总是很努力，每节课都听得很认真，笔记做得很仔细，作业也是按时完成，每天晚上都是很晚才睡觉。但是这种学习的热情却无法长久坚持，一个月之后，她就坚持不下去了。

学习是一个长期坚持的过程，不能三天打鱼，两天晒网。就跟人吃饭一样，暴饮暴食对身体有害，要一日三餐，要有规律。学习也一样，不能心血来潮的时候就努力学习，新鲜感过去了，就懈怠了。要教孩子制订学习计划，按照计划执行，循序渐进。在制订学习计划的时候，要充分考虑到孩子的学习状况，既不能太高，也不能太低，制订的计划要具有针对性，任务要具体。

小泉今年读初中三年级，他性格懒散，自控力差，喜欢打游戏，成绩在班上属于中下等，眼看还有一年时间就要中考了，妈妈看在眼里急在心里。这个学期开学的时候，妈妈帮小泉制订了一个学习计划。学习期间不能打游戏，第一次单元测试的时候，要超过班上最后五名，期中的时候，成绩达到班上中等水平，继续努力，争取在期末的时候考到班上前几名。具体的还有每天的时间安排，每天要做的具体的事情。小泉在和妈妈一起制订这个计划的时候，也是兴致勃勃，开学之后，他严格要求自己按照计划行事，半个学期过去，成绩果然提升了不少。

计划能够帮助孩子更好地实现目标，也能够让孩子在一点一点的努力中享受到成功的喜悦，这种喜悦会让孩子在他的生活和学习中变得越来越充实，越来越有活力。

提高孩子的审美品位

一个人审美品位的高低，能够反映出一个人的内在气质。家长要注意培养孩子的具有较高层次的审美意识，让孩子在富有个性的审美中建立自尊、自爱与自信的良好品质。

爱美是每个孩子的天性，媛媛也不例外。虽然家里的经济条件不是很宽裕，但是当她看到同龄的小朋友身上穿的漂亮衣服，脖子上戴着项链，手上戴着手镯的时候，她也不免流露出几分羡慕。有一次，她悄悄地问妈妈："小宁涂的指甲油很好看。"妈妈意识到了孩子越来越爱美，但是如果只是简单地告诉媛媛涂指甲油不好，家里的经济条件也不允许，媛媛一定听不进去，而且，强硬的态度对媛媛形成正确的审美观也是不利的。

有一次，妈妈花了 20 元钱买了 6 公斤毛线头，那是毛衣厂的下脚料。妈妈把五颜六色的线头一截截接好，给媛媛织了十来件包括衣服、裙子、裤子、背心在内的服装，妈妈用自己的巧手，利用毛线颜色俱全的特点，精心设计出富有儿童情趣的款式和图案。当媛媛穿着妈妈织好的衣服走进学校的时候，她觉得很有自信，平添了几分聪颖、活泼。小朋友们羡慕极了，连老师也多问了她几句。后来，当妈妈再问媛媛："你还想要其他小朋友的衣服、项链和手镯吗？"媛媛摇了摇头说："不要不要，戴着那些东西，一点儿都没有小孩的样子，多俗气呀，还是妈妈织的衣服好看。"

孩子年龄小，生活阅历浅，对美和丑的认识不是十分明确，产生一些不正确的审美观是非常正常的，他们容易受到外界的迷惑，认为穿得花花绿绿的就是美的，戴很多首饰就是美的，等等。对于孩子这样的看法，做父母的一定不要简单粗暴地干涉。这时候，父母应该运用一些适当的方法，适当去转移孩子不正确的审美观念，就像媛媛的妈妈一样，当孩子穿着人人都羡慕的漂亮衣服的时候，她自然就会认为自己才是最美的，不需要再去羡慕别人。

美丽的最高境界是拥有属于自己的独特个性，不随波逐流，不人云亦云。父母要教导孩子拥有富有个性的审美观。

媛媛的妈妈决定和媛媛一起制作一件属于她的美丽的衣服。她把媛媛叫到自己身边，微笑着对她说："孩子，来，我们一起动手，给你制作一件世界上最漂亮的衣服好不好？你来设计样式和图案，妈妈帮着你一起做，我相信这一定是世界上最棒的衣服。"

媛媛立刻来了兴致，对妈妈的建议表示非常高兴。没过几天，媛媛就设计好了她自己喜欢的衣服的样式——一件非常漂亮的小裙子，上面还有一个美羊羊的图案。接着，妈妈又和媛媛一起去购买了相关的布料、扣子等东西。

伟大的制作工程开始了。妈妈和媛媛一起动手，画图、剪裁、缝制……整整用了三天时间，才大功告成。当妈妈和媛媛把这件美丽的裙子挂在衣架上欣赏时，那奇特的效果，简直令人心醉！媛媛更是心花怒放。

这件衣服穿在媛媛身上立刻有了轰动效应，路人多行注目礼。媛媛也开始对自己的审美越来越自信了，她甚至有了自己的伟大理想——成为一名优秀的服装设计师。

　　不管媛媛将来长大后是否能够成为服装设计师，我们都可以肯定地说，长大后的她一定会成为一个非常具有审美能力的人。这次自己动手设计、制作服装的经历，不仅会给她的童年留下美好的回忆，让她体会到创造美的过程比享受美更令人陶醉，更为她增强了审美自信心。

第六章

天鹅效应：爱孩子要适度

什么叫天鹅效应

山脚下有一个美丽的湖，当地人叫它天鹅湖。天鹅湖中有一个小岛，岛上住着一位渔翁和他的妻子。平时，渔翁摇船捕鱼，妻子则在岛上养鸡喂鸭。除了买些油盐，平时他们很少与外界来往。

有一年秋天，一群天鹅来到岛上。它们是从遥远的北方飞来，准备去南方过冬的。老夫妇见到这群天外来客，非常高兴，因为他们在这儿住了那么多年，从来也没有谁来拜访过他们。

渔翁夫妇为了表达他们的喜悦，拿出喂养鸡鸭的饲料和打来的小鱼招待这群天鹅。久而久之，这群天鹅就跟这对夫妇熟悉起来。在岛上，它们不仅大摇大摆地走来走去，而且在渔翁捕鱼时，它们还随船而行，嬉戏左右。

冬天来了，这群天鹅竟然没有继续南飞，它们白天在湖上觅食，晚上在小岛栖息。湖面封冻，它们无法获得食物，老夫妇就敞开他们茅屋的门，直至湖面彻底解冻。

日复一日，年复一年。这对老夫妇就这样奉献着他们的爱心。

有一年，这对老夫妇因为年老体衰，离开了小岛，这群天鹅也消失了。不过它们不是飞向了南方，而是在第二年湖面封冻的时候饿死了。

故事中渔翁夫妇对天鹅的爱，绝对是无私而又真挚的，毕竟这些漂亮可爱的小生灵给孤寂的他们带来了慰藉与欢乐，帮助他们排遣了心灵的寂寞。在寒冷的冬天里，不能适应北方严寒的天鹅肯定也需要他们的照顾与呵护。可是渔翁夫妇无论如何也没有想到，习惯了他们的爱护的天鹅一旦失去了他们的照顾，结局将是十分悲惨的。在这个世界上，人人都赞美无私的爱，可是，有时爱也是一种伤害，并且是致命的。因此，我们把父母对孩子无私的溺爱而导致孩子无能称为"天鹅效应"。

孩子是父母生命的延续，爱孩子是人的天性，是做家长的一种责任。父母对孩子的爱是人世间最深沉、最真挚、最无私的爱。但是爱孩子是要讲究方法的，对孩子的爱要适度，要让孩子健康地成长。过度的爱，也会变成一种伤害。溺爱孩子是一种不科学的教子方法，被家长溺爱的孩子往往缺乏责任心、独立性，经不起一点风雨。

作为家长，应该放手给孩子独立的机会，孩子总会长大，总要独自面对生活中的风雨坎坷，家长需要培养孩子的独立意识，教会他们生活的本领，教会他们勇敢面对人世的种种不可预期，给孩子一个健全的人格。过度保护孩子，什么都替他安排好，无形中剥夺了孩子成长的权利。当有一天，父母不能再充当孩子的保护伞，**孩子连基本的生活能力都不具备，这样就会把孩子害了**。父母对孩子过度的爱是孩子成长中的障碍。

有这样一幅漫画：

有一个小男孩背着书包，晃晃悠悠地走在放学回家的路上。

画面的两侧有四个大人各自拿着一面锦旗，上面写着：爸爸管花钱，妈妈管吃饭，爷爷管接送，奶奶管洗刷。一家四口把孩子学习以外的事情全包了，把孩子伺候得舒舒服服，像个小皇帝。

现在的家庭基本上都是独生子女，每个孩子都像家里的太阳，是家人的中心，大人都围着这个小家伙转，对孩子百依百顺，真是捧在手心怕摔了，含在嘴里怕化了。久而久之，养成了孩子依赖父母、没有独立生活的能力、恃宠生娇的不良品性。家长爱孩子要适度，该爱的时候要爱，该严的时候一定要严。父母不能一辈子陪在孩子身边，因此，父母要培养孩子的独立性，让孩子拥有生活的能力。

要适当地让孩子懂得父母的不容易，让孩子学会感恩，不要让孩子一有事就想到依靠父母，更不能孩子要求什么就想方设法地满足。孩子健康的成长，离不开父母宽严有度的爱。

溺子如杀子

中国民间有句古话叫"惯子如杀子"，这其中的涵义谁都会明白，就是要教育好自己的孩子。爱孩子是每个父母的天性，但凡事要掌握一个度，对孩子宠爱过度任其任意妄为也不加制止，就不是爱孩子，而是会害了孩子。

说实话，中国的父母们，不管是名人还是普通人，在教育子女的问题上都或多或少存在着一定的溺爱问题，尤其是随着当今时代人们生活水平的不断提高，独生子女越来越多，父母生怕子女受委屈，孩子说什么便是什么，无论孩子提出什么样的要求，父母都会顺从孩子。孩子是家里的小皇帝、小公主，是家里的太阳，一家人都围着孩子转。在这样的家庭教育环境里，孩子往往缺乏自立性，不懂得谦让，容易以自我为中心。

有一对夫妇因为人到中年才喜得贵子，对孩子宠爱有加。孩子要什么就给什么。小时候孩子的愿望容易满足，父母基本上都能够满足，也就不以为意。

可随着孩子年龄的增长，所提的要求也越来越高了，父母渐渐觉得吃力了。因为父母的溺爱，舍不得责罚孩子，导致孩子品行不良，横行乡里，成了当地一霸。乡亲们敢怒不敢言，惹不起只好尽力躲，可父母无法躲啊，满足不了他的要求，他就对父母又打又骂，再加上他好吃懒做，以致家里一贫如洗、负债累累。

有一次，他问父母要五千块钱说是要和朋友合伙做生意，还扬言说父母拿不出来就杀了他们。家里一分钱都拿不出来了，亲戚朋友也借遍了，哪里去找这么多钱呢？

又急又气的父母怕他醒来后真的杀了他们，不得已他们先下手为强，趁儿子熟睡时用斧头砍死了儿子，为民除了一害，然后去投案自首。尽管乡亲们联名上书请求宽恕他们，但法律无情，他们还是受到了法律的制裁。早知如此，何必当初呢，既苦了自己也害了孩子，最终是自己种下的苦果只能由自己去尝了。

时下流行一句俗话：再苦不能苦了孩子。诸多中低收入、不是很富裕的为人父母者，生活上宁可委屈了自己，也绝不亏欠孩子。不惜用自己的低标准、低消费，甚至是"打肿脸充胖子"，倾尽所能，来满足"小皇帝""小公主"们物质生活上的高消费。孩子从小在娇生惯养、花销无度的状况下生长，久而久之，极易被"吊高了胃口"，养成大手大脚、盲目攀比的不健康消费观。如此一来，家长恰恰从一种爱护孩子的主观动机出发，结果却害了孩子。

生活中，很多工薪阶层的夫妻平日节衣缩食，省吃俭用，却对孩子出手阔绰。有些孩子大学刚刚毕业，莫说立业，基本生活收入尚无保证，便不顾家庭经济状况，狮子大开口，提出要房子、车子，着实难住了家长。这且不说，时不时地还"开导"父母改变消费观念，学会"生活"，别那么仔细，会消费才会赚钱，云云。

古训有言："惯子如杀子"。树立孩子正确的消费观念，关键在于把握好适当的度，不要走极端。不要太纵容孩子自私的行为，要让孩子适当地吃点苦，这样孩子才会站在父母的角度为父母着想。家长要树立科学、理性的育儿观念，在物质生活上，有意识地去教孩子吃点"苦"，让孩子从小养成"奢侈浪费可耻、勤俭节约为荣"的良好意识。如此，不仅是孩子和家庭之幸，同时，也是社会之幸。

让孩子学会感恩

公园里，花团锦簇，绿草如茵。两个孩子在草坪上追逐嬉戏，好不快乐。一位妈妈在旁边看着，不时地跑过去，给孩子水喝，帮孩子擦擦汗。可那孩子不但不领情，还生气地对妈妈说："妈妈，你别总是来打扰我嘛。"妈妈只好无奈地站在一边。

妈妈在和朋友聊天的时候抱怨说：自己为孩子操碎了心，可孩子不但不领情，还嫌自己管得太宽了。自己为孩子牺牲了很多，还得不到孩子的承认。

很多父母都有这样一种思想，认为自己吃苦了，就不能再让孩子吃苦，对孩子的事大包大揽，什么都帮孩子安排好了，最后，孩子什么也不会做。

孩子小的时候，生活在父母的呵护之下，父母的羽翼将他们保护得好好的，风吹不到，雨淋不着。但是，孩子渐渐长大，他会离开父母，去到更广袤的天空，接受风雨的洗礼。只有拥有更强韧的翅膀，孩子才能飞得更高。

如果父母什么都帮孩子安排好，这个也不让做，那个也不让做，其实是对孩子的一种伤害。孩子有自己的世界、有自己的思维方式、有自己的生活方式，父母应该放手让孩子自己成长，让孩子学会独立，适当给孩子一个自由呼吸的空间。让孩子享受成长的乐趣、体会成长的痛楚，这对他的成长，并不是一件坏事。

父母什么事情都帮孩子安排好，围着孩子团团转，无形中阻隔了孩子和社会接触的机会。孩子远离了社会，长大以后就难以适应社会，生存都会成问题。父母要培养孩子独立生存的能力，这才是真正的爱。

大多数的父母，爱孩子都超过爱自己的生命，因此，在生活中极端溺爱孩子，对孩子有求必应，百依百顺，宁可自己省吃俭用，也绝不能亏待孩子。但是对于孩子的性格品行却常常忽略，以至于很多孩子感情冷漠、性格脆弱，对别人缺乏应有的尊重。

父母应该改变什么事情都为孩子做的思想，给孩子一些自由，让孩子自己做决定。充分信任和尊重自己的孩子，孩子也会因此更加尊敬自己的父母，而不是觉得自己被限制了。爱孩子并不意味着孩子的一切都要父母操劳。家长什么事情都包办代替，这对孩子的健康成长有很大的影响。

孩子是一个独立的人，一个需要生活的社会人，父母对孩子的过度关心，就是剥夺孩子的这种权利。天底下的父母都希望自己的孩子好，因此，家长在教育孩子的时候，不要把孩子全部包裹起来，要让孩子适应社会。孩子自己能做的事情，家长绝不代替孩子去做，要让孩子养成自理的能力。孩子小的时候，不忍心让他吃苦，那么他长大以后，就会吃更多的苦，毕竟父母不会照顾孩子一辈子。

父母爱孩子，要爱得适度，不要把爱孩子变成害孩子。给孩子成长的空间和自由，学会放手，适当让孩子经受挫折和风雨，孩子会更自信、坚强，最终成为一个经得起风雨、对社会有用的人。

过度的爱，是一种伤害

很多父母说起自己的孩子，都是既甜蜜又无奈的。爱孩子，是每个父母都会做的，但是爱孩子的方式，并不是每一个父母都是对的。过度的爱，会成为一种伤害，只有给予孩子适度的爱，才能让孩子健康快乐地成长。现在的孩子基本上都是独生子女，是家里的小皇帝、小公主，在众星捧月中长大，没有经受过一点点风雨和委屈。每一个做父母的，都恨不得把孩子藏着掖着，在自己的臂膀下为孩子营造一个安稳舒适的环境，不让他们吃一点点苦，受一点点委屈，对孩子的要求有求必应。家长对孩子的投资也是不遗余力的，竭尽所能地把他们放在一个用爱编制的梦想里。

父母对孩子的爱太多、太厚重，会削弱孩子战胜苦难的能力，就像小孩子吃多了糖会长蛀牙，鸟儿的翅膀挂上了金子就飞不上蓝天一样。

小小是个乖巧的孩子，从满 1 岁开始，就由奶奶带着。奶奶对小小几乎倾尽全部精力，百依百顺、有求必应。只要小小一哭，奶奶什么条件都会满足她。有时候小小不小心摔倒了，本来没有什么事情，奶奶也大呼小叫地赶忙跑过去把孩子扶起来。小小一看见奶奶这样，就更来劲了，赖在地上不起来。随着小小年龄渐长，已经开始变得骄横跋扈、自私自利了。

有天晚上快 11 点了，小小突然想吃西瓜，而且立刻就要吃。爸爸妈妈答应她明天就去买，她就是不同意，非要立刻就要，并以哭相威胁。爸爸妈妈给她讲道理，越讲她哭得越来劲，怎么哄都哄不好。

家长都渴望自己的孩子能成才，成为对社会有用的人，可以说孩子是父母希望的延续，因为抱的希望很大，所以对孩子的爱也往往过度。过度的爱就是溺爱，溺爱很容易让孩子丧失自立的能力，也会造成孩子终生的忧患。家长对孩子做的一切，看似小事，实际上对孩子有很大的影响，父母的点滴行为都能影响孩子。所谓"惯子如杀子"，溺爱孩子就是让孩子输在了起跑线上。

有一种昆虫名字叫作天蛾，天蛾的茧非常奇特，一头是细管，另一头是个球形囊，就像实验室里的长颈烧瓶。天蛾要从球形囊里爬过那条细管，然后才能展翅飞翔在空中。它努力、奋斗、挣扎了整整一个早晨，也没有前进多少。

一个孩子好奇地看着天蛾出茧，看了好久，孩子觉得它这样爬实在是太累了，于是他做了一个决定，要帮助这个可怜的天蛾。他拿出小剪刀，在天蛾的细管壁的茧丝上剪了个洞，天蛾很容易就爬出了茧外。

孩子对自己的杰作非常得意，可是很快他就发现，他帮助过的这只天蛾和其他那些自己挣扎出来的天蛾不一样，它的身体非常臃肿，翅膀羸弱，无力地扇动着，却飞不起来。痛苦地挣扎了一会儿，便死去了。孩子看着这一切，心里非常难过，他不明白自己本来想帮助这只天蛾，怎么反而害了它呢？原来，天蛾在茧中的痛苦挣扎，是为了使体内的一些能量流到翅膀的脉络中去，让翅膀变得坚强有力，这也是天蛾得以生存的基础。孩子把天蛾的茧丝剪了个洞，天蛾没有经过一番痛苦的挣扎，能量没有流到翅膀上去，就飞不起来，悲剧也就产生了。孩子的怜悯心，变成了剪断天蛾翅膀的剪刀，最终害了它。

孩子的成长路上也会碰到种种不可预知的困难和挫折，家长这时候伸出的援助之手，就像那个富有同情心的孩子手中的剪刀，其实是阻碍孩子锻炼的机会。每个人的人生都不会是一帆风顺的，充满了考验和磨砺，而璞玉只有经过雕琢才能异彩纷呈，梅花只有经过霜雪的打击才能芳香扑鼻，孩子只有经历了磨难才能更成熟。

爱孩子不是要什么事都帮孩子安排好，爱孩子要适度。父母大包大揽，看似是爱孩子，其实是在害孩子。"授之以鱼，不如授之以渔。"父母要教会孩子生活的技能，让孩子学会自立，成为一个独立的人。

拒绝孩子的无理要求

孩子在成长的过程中，会对父母提出很多的要求，有些要求是合情合理的，但是有些要求是不合理的，父母难以达到。当孩子提出不合理的要求时，父母不要一味地迁就孩子，这样只会助长孩子的虚荣心和贪心，对孩子的成长没有帮助。生活中有很多父母，不管什么好东西都留给孩子，自己舍不得吃，舍不得用，尽一切满足孩子的要求。这样的教育，很容易让孩子养成自私自利的性格，只懂得索取，不懂得回报。

小阳今年4岁了，十分淘气，在家里父母对他百依百顺，有求必应。有一天，小阳的妈妈带着他去公园玩，天气炎热，妈妈给小阳买了瓶可口可乐。小阳喝了几口就不愿意再喝了，口干舌燥的妈妈准备拿起饮料喝一口，刚把饮料送到嘴边，小阳就怒气冲冲地跑过来，一把夺过瓶子摔在地上，并大声对妈妈吼道："这是我的饮料，不准你喝。"看着饮料汩汩而出，妈妈背过身去，眼泪止不住地流了下来。

这种场面不免让人感慨万千，之所以出现今天的结果，小阳的妈妈也应该反思一下：爱孩子要适度，对孩子提出的无理要求要拒绝，如果只一味对孩子付出很多的爱，而不教会孩子如何去爱别人，那么孩子长大以后，也不会以同样的爱心去对待别人，他有可能成为一个感情冷漠、自私自利的人，一个感情上的"白痴"。在孩子的心目中，他既不懂得孝敬长辈，也不会懂得关心晚辈，更不要说让他关心别人或爱别人了。

爱孩子不是要让孩子服从自己，不是把孩子呵护得密不透风，而是要让孩子有一个健全的人格，成为一个健康、快乐、优秀的人。父母千万不要对孩子有求必应，要有选择、有度地满足孩子。在日常的生活中，应该教育孩子尊敬父母、长辈，尊重他人。教育孩子要有爱心，懂礼貌，有一颗感恩的心。比如在坐车的时候，让孩子为老弱病残让座，教孩子主动帮助别人做事，问候别人等，只要是对孩子的成长有好处的，都可以教孩子去做。

现在的很多家长都有一个共同的感受：孩子越来越叛逆，越来越难以沟通，脾气倔强，大人说的话，总是听不进去，叫他往东，他偏偏往西。父母用心良苦，孩子却无动于衷。其实人都有一种叛逆的心理，孩子尤其如此。孩子的脾气大小多少和遗传有点关系，但是脾气的大小是可以通过后天的教育纠正的。青春期的叛逆情绪比较重，家长应该找准与孩子沟通的方式。

对于孩子提出的无理要求，怎么拒绝，如何对孩子说"不"，这就是父母与孩子怎么沟通的问题。中国家长的传统思想认为孩子就必须听父母的，对于孩子提出的要求就是简单的拒绝，有时候不耐烦，说不定还存在武力威胁。这样的沟通形式，会更加助长孩子的反抗情绪，孩子认为父母不理解自己，对自己不关心，和父母产生隔阂，甚至与父母作对。

平平今年上小学六年级了，有一次看见同学买了辆自行车，他觉得很好看，很喜欢。放学回家的时候就对妈妈说："妈妈，我想买辆自行车，上学的时候方便一些。"妈妈觉得自行车的价格很贵，上次考试考得那么差，还想要自行车。妈妈拒绝了平平的要求，还对平平说："不行，成绩都没有提高，买什么自行车，要想买自行车，考到第一名了再说。"当妈妈这样说的时候，平平的心里很不是滋味，心里对妈妈非常反感。他认为妈妈一点儿都不理解自己，不关心自己，对自己不是打就是骂，以后，平平变得更加不听话了。其实，平平妈妈对平平这样的教育方法是不妥的，直接的后果就是导致平平的叛逆思想更加严重。平平妈妈首先应该接纳平平的情绪，就是重复他的要求，稍微改一下语言，语气平和一点，其实可以这样：

平平说："妈妈，我想买辆自行车。"

妈妈说："嗯，妈妈知道你想买辆和同学一样的自行车，那种自行车看起来很时尚，是吗？"

平平说："嗯，是的。"

妈妈说："不过你那同学的自行车比较贵，我也想买辆好的自行车送给你，但是妈妈现在收入不高，工作又很辛苦，你觉得呢？"

像平平妈妈这样和孩子沟通，拒绝孩子的要求，既不会伤害孩子的自尊心和感情，又不会使孩子产生反感的情绪，同时孩子还会去反思自己对父母的要求是不是有点儿过分了。如果一味简单地拒绝孩子，就容易使孩子产生反感的情绪，变得越来越难以沟通，逆反心理就渐渐形成了。

孩子任性怎么办

任性的孩子，对自己的个人需要、愿望或者要求不加克制，对大人的管教有一种反感的情绪；任性的孩子，对大人的要求抗拒，不服从，不按照家长的要求去做，或者阳奉阴违，当面答应得好好的，背转身就和原来一样，丝毫没有改变，由着自己的性子胡来。任性是孩子在幼年时期极易形成的一种不健康的性格表征，任性的孩子一般都很自私，难以与人相处，很难适应社会生活。这种性格的形成是由许多原因造成的，但总的来说，孩子的父母要负很大的责任。父母对孩子一味地迁就和纵容，是造成孩子任性的主要原因。如果不把这种坏毛病改正过来，而是任其发展，那么，孩子未来的社会生活乃至人生命运都必然困难重重。任性是孩子普遍存在的问题，一般说来，孩子年纪还小，心理发展还不是很成熟，对许多事情缺乏认识和判断能力，多少都有点儿任性。但是如果父母不帮助孩子改正这个缺点，而是放任孩子，一味地纵容孩子，这将会影响孩子的成长，因为任性的孩子很难与同伴友好合作、分享、协商，他们往往随心所欲，在人际交往过程中就会困难重重。孩子所有的坏毛病都不是天生形成的，任性也一样。

丽丽今年5岁了，聪明伶俐，乖巧可爱，是爸爸妈妈、爷爷奶奶、外公外婆的掌上明珠，大家都宠着她。也许正是因为这样，养成了丽丽任性的坏毛病。在家里，什么事情都得依着她，稍微不如她的意，她就会大发脾气，哭闹不止，怎么哄都没有用。为此，丽丽的父母伤透了脑筋。有一天早上，丽丽不想要牛奶面包，想吃包子，就让妈妈去买。妈妈因为要急着上班，就对丽丽说："宝贝，妈妈要上班，没时间去，晚上给你买回来好不好？"丽丽的脾气立刻上来了，大喊大叫："我不嘛，我就要现在吃包子。"说完号啕大哭，没完没了，眼看着妈妈上班就要迟到了，那也不行。最后还是妈妈匆匆忙忙跑到楼下给她买了两个包子回来，才算完事。

生活中，像丽丽这样任性的孩子不在少数，经常有父母抱怨："我的孩子脾气很倔，谁的话都不听，拿她一点儿办法都没有。"生活环境对人的性格的形成有很大的影响。"极端自我中心"的生活环境必然培养出任性的孩子。有些家庭把孩子视为掌上明珠，"有爱无教"或者"重爱轻教"，对孩子一味娇惯宠爱，有求必应，家长一切由着孩子，迁就放任，一切服从孩子，让孩子指挥一切。把孩子宠成家里的小皇帝、小公主，孩子就是家里的太阳、家里的核心，让孩子的自我中心意识过度膨胀，独生子女的这个问题尤其严重。

任性作为一种不良的性格，除了与天生的秉性有关之外，最主要的是由于父母的教育方式不妥，和父母的教育有关。孩子小的时候，常常会对父母提出一些不合理的要求，父母觉得孩子还小，不懂事，对孩子的要求都答应，即使觉得这个要求不合理，也会迁就孩子。久而久之，就会形成孩子放任自己的心理定式，习惯于按照自己的意愿行事，并且要求他人服从自己的意愿。如果这种意愿得不到满足，就会又哭又闹，不得安宁。比如说有些孩子很挑食，自己喜欢吃的就多吃，不喜欢吃的一概不吃，父母怎么说都不行。这种人性的表现，就是父母太迁就的结果。所以，父母在教育孩子的过程中，要掌握好爱的尺度，不要过分地宠爱孩子和没有原则地迁就孩子。

纵容孩子的任性，就是对孩子不良的习惯的肯定，助长孩子心里的"歪风邪气"，这对孩子的成长是一种伤害。家长在教育孩子的时候，态度要端正，有宽有严，爱得适度，要保护孩子的自尊，又不能纵容孩子。创造健康的家庭环境，多与孩子做有效的沟通，了解孩子心里的真实想法，让孩子健康、快乐地成长。

第七章

詹森效应：自信的孩子能成功

什么叫詹森效应

曾经有一位运动员名叫詹森，在平时的训练中，他实力雄厚，表现良好，但是只要一到了赛场上，就连连失误，让自己失望，让看好自己的人大跌眼镜。之所以会出现这样的结果，完全是由于詹森心理压力过大，过度紧张造成的。人们因此把这种在平时表现很好，但是由于缺乏必要的心理素质而导致在正式的赛场上失败的现象称为詹森效应。

很多孩子在平时表现得很强悍，但是只要一遇到生活中的挫折和困难，立刻就脆弱无比，比如有很多平时学习成绩很不错的孩子却在考试的时候因为得失心太重、自信心不足而连连失利。很多孩子因为缺乏自信心，在做事情的时候总是畏首畏尾，不敢大胆行事，结果导致了失败。

现在的孩子，大多数都是家里的独生子女，众星捧月，想要什么家长都会立刻送到眼前。可以说，父母把一切风霜雪雨全挡在了外边，孩子没有经历过一点点挫折和磨难，造成一些孩子心灵脆弱、自信心不足，等等。再加上有些家庭对孩子的期望太高，只许成功，不许失败。使得孩子的心理压力太大，心理包袱太重，以至于产生了强烈的得失心理，不能发挥出自己真实的水平。有些孩子则因为自信心不足，产生怯场的心理，束缚了自己潜能的发挥。

其实，生活中的很多事情不必如此较真，家长应该教会孩子保持一颗平常心，教会孩子注重努力的过程，而不要把结果看得太重要。让孩子把主要的精力集中于具体的解决问题的过程中，保持心理的平静和放松，这样才能更好地发挥自己的潜能，增强孩子的自信，淡看得失。

生活中，很多的孩子身上表现出"詹森效应"。平时学习努力刻苦，基础扎实，成绩优异，然而一到考试的时候，就发挥失常，常常表现得紧张、慌乱、脑海里一片空白。究其原因，就是因为缺乏自信，把结果看得太过重要。因此，家长要注意对孩子心理的引导，帮助孩子增强自信。

给孩子自己做选择的机会

在现代的很多家庭中，孩子都是独生子女，是家中的小太阳，是父母的掌中宝，几乎所有的事情都是由家长代劳。孩子被照顾得无微不至，没有机会也没有意愿去发展自己的兴趣和特长。因此，很多孩子在做事情的时候半途而废，坚持不下去。家长如果强迫孩子接受他不喜欢的东西，就会把孩子逼上与自己的意愿相反的方向，这对孩子的成长是很不利的。

生活中，很多父母通常会因为孩子还小，生活阅历浅，不懂得什么是正确的选择、什么是错误的选择，因此，家长替孩子做决定拿主意。其实孩子有主意是件好事情，他有自己的看法、自己的认识，他通过自己的方式来认识这个世界，父母应该给孩子创造这样的机会，让孩子学会自己做选择。

生活中，我们的教育常常是注重培养孩子的顺从听话，却很少去倾听孩子的需要，无论是生活中的小事，还是孩子未来的发展，父母都亲力亲为，一手包办，孩子只要按照父母铺就的康庄大道前行就好。孩子因为什么事情都不用思考，所以缺乏自己做决定的机会和权利，失去了自我解决问题的能力，独立性差。这种类型的孩子往往依赖性强，缺乏进取的决心和毅力，遇到事情的时候容易打退堂鼓或者推卸责任。这些都是因为家长娇惯、包办代替的结果。父母应该给孩子自己做选择的机会，培养孩子处理问题的能力。孩子只有在自己尝试的过程中感受到了失败，碰了钉子，他才会从失败中吸取教训，总结经验，快速地成长起来。

一个人在成长的过程中，能享受成功的喜悦，也要承受失败的痛苦，而通常只有经历过无数次的失败，才能获得更大的成功。在生活中，要培养孩子的自我完善能力，要让孩子学会自我观察、自我体验、自我批评、自我控制。要培养孩子的自我抉择能力、自己解决问题的能力。

家长在教育孩子的时候，要尊重孩子的意愿，这样孩子才能甘心受教，错误的习惯也才会得到纠正。比如，当孩子正在看电视的时候，家长让他去做作业。这时候孩子心里肯定是不乐意的，你越是让他关电视，他越是不关，最后弄得两败俱伤。其实这个时候家长不妨换一种方式："你是看五分钟呢，还是看六分钟"，孩子很乐意地接受看六分钟。六分钟之后，孩子自觉地把电视关了。孩子的意愿得到了尊重，家长又达到了目的，何乐而不为呢？

还比如：周末带孩子出去玩耍，征求孩子的意见，不要问孩子："你想去哪里？"而是应该这样问："你是想去动物园呢还是水族馆？"给孩子一个可供选择的范围，让孩子自己做出选择，这样不仅会培养孩子独立思考的意识，还能增强孩子的自信心。

孩子随着年龄的慢慢增长，他渐渐地开始有了自己的主见，有了自己独立思考的意识，这个时候，他已经不再是那个家长让他做什么他便做什么的小宝宝了。家长要培养孩子的独立意识，增强孩子的自信心，就要让孩子学会自己做选择。幼儿时期，可以让孩子在父母圈定的范围内，选择吃什么、穿什么等。例如，父母拿来香蕉和橘子，让孩子选择一样，并且只能选择一样。孩子就会知道，自己是有选择权利的，并学习根据自己的爱好选择、对选择负责的技巧。

孩子稍大些，父母不妨把孩子房间的布置交给孩子，怎么装饰自己的房间，怎么玩，都让孩子自己说了算。让他们清楚，那是他们自己的空间，在自己的空间里，自己是自由的，是有选择权的。

孩子不是父母的附属品，他是一个独立的生命体，他希望得到爸爸妈妈的尊重，当他的意愿没有达到时，哭，是孩子最好的武器，闹，是孩子的第二武器，哭和闹都会让我们心烦。

给孩子一个做选择题的机会，也许你将会有另外的收获。

让孩子做一些力所能及的事情

在现实的生活当中，大多数父母因为害怕孩子累着，或者因为担心孩子做不好，而包办代替孩子所有的事情，哪怕是一些孩子力所能及的事情。还有一些父母认为，孩子吃饭、穿脱衣服等生活技能是不用训练的，因为小孩长大了自然就会。

其实这些观念都是不正确的。从儿童发展的观点来看，如果不给予孩子锻炼的机会，就等于剥夺了孩子自理能力发展的机会。久而久之，孩子也就丧失了独立能力。

所以我们要本着"大人放手，孩子动手"的原则，让孩子做一些力所能及的事情。在家里，父母可以根据孩子的兴趣和能力因势利导，通过具体、细致的示范，从身边的小事做起，由易到难，教给孩子一些自我服务的技能，如学习自己擦嘴、擦鼻涕、洗手、刷牙、洗脸、穿衣服、整理床铺等。这些看上去虽是很小的事，但实际上给孩子创造了很好的锻炼机会，无形中锻炼了孩子独立生活的能力。

当孩子完成一项工作后，做父母的要给予适当的肯定和赞赏，当孩子的存在价值被肯定，自己的工作能力被肯定，他们也会感到无比的兴奋和快乐，在很大程度上增进孩子的自信心。

生活中常常会有这样的情况：有些时候孩子想自己吃饭，父母总是会说：算了吧，还是让妈妈喂你，免得你弄得到处都是，把衣服也给弄脏了。其实，妈妈这样做，就是在扼杀孩子的动手能力。孩子有能力自己用匙将食物送入口中，家长就应放手让孩子自己吃饭，不要怕把饭粒掉在桌上或打翻饭碗。

父母可以在一边指导和帮助孩子，多次训练，孩子就会一次比一次吃得更好，父母还要用积极的语言鼓励孩子自己吃饭，一旦成功，孩子就会有一种成就感和自豪感。如果家长怕孩子做不好或不会做就说这也不行，那也不行，就会打击孩子的求知欲，失去锻炼的机会，并有可能导致孩子变得懒惰。

很多时候家长抱怨自己的孩子不听话，其实不是孩子不听家长的话，而是孩子不想听家长说他不感兴趣的话。如果家长能抓住孩子的心理，让孩子做一些他力所能及、他想做的事儿，那孩子一定会完成得超乎我们的想象。这样不仅能锻炼孩子独立的能力，同时也能够增强孩子的自信心，何乐而不为呢？

让孩子为自己的行为负责

苗苗上小学二年级了，这几天，妈妈正为苗苗的学习问题而头疼不已。原来，在苗苗刚上小学的时候，由于年纪还小，有一次老师布置家庭作业的时候，他忘记做了，第二天到了学校被老师狠狠地批评了一顿。就是因为这件事情，苗苗每次放学回家，妈妈都要打电话向老师核实一下有没有布置家庭作业，布置了哪些家庭作业。

有一天，苗苗放学回家，妈妈问她：老师布置了哪些作业？

苗苗冷冷地回了一句：你问老师吧。

每天的家庭作业，苗苗都要在妈妈的提醒监督之下才能完成。有时候，妈妈因为忙工作，忘记了提醒她，等到想起来去看的时候，苗苗还没有动笔。

经历了这么几次，妈妈对于苗苗的学习一点儿也不敢放手了。从上学开始，苗苗做完作业都要妈妈检查一遍，而每次苗苗考完试，妈妈都要亲自为她把错题登记在错题本上，好方便苗苗日后复习。这个习惯一直坚持到现在。

妈妈经常抱怨，现在的孩子怎么这么不主动学习呢？非要家长催着、逼着才肯学习吗？

其实，孩子不主动学习的原因有很多，其中一个最重要的原因就是家长太主动，凡事都亲力亲为，包办代替，对孩子不信任，不给孩子主动打理的机会。父母对孩子的不信任，导致孩子在学习中丧失了信心，进而使孩子在学习中失去了主动性。

生活中，我们经常看到这样的父母：要求孩子吃完饭在房间里学习半小时，结果却每隔五分钟进去看一下孩子是否在偷懒。孩子周末想上午踢足球，下午做作业，父母不同意，在耳边不停地唠叨："为什么不上午写作业呢？踢完球不是更累了吗？你还有精力学习吗？"

在教育学中有一条很重要的原则：学生的信心来自老师的信心。作为孩子早期的教育者，父母的信任对孩子自信心的树立有着至关重要的作用。由于父母的不信任，认为孩子处处做不好，而事事越俎代庖，孩子怎么可能有信心呢？

这样的孩子，已经被剥夺了主动的权利。这样的孩子不只是学习不主动，缺乏信心，而且在生活中也缺乏信心，他已经不属于自己。要想让孩子主动学习，就先要培养孩子的信心。要培养孩子的信心，首先家长要放手，让孩子自己处理学习的事情，自己对自己的学习负责。

开始孩子的成绩可能会受到一些影响，但这是暂时的，为长远计划，付出这样的代价是值得的。就像开始让孩子自己走路，跌倒几次是必然的。要想让孩子真正成才，早晚要付出这个代价。要让孩子懂得自己对自己负责，让孩子明白自己的责任，要让孩子为自己的懒惰行为付出代价，更要让孩子在主动进取中收获成功的快乐，否则孩子永远长不大。

赏识，是让每个孩子找到好孩子的感觉，是让每个孩子享受自信的快乐。让学生受到赏识，学会感动，这是教育的一种极佳境界。赏识带来愉快，愉快导致兴趣，兴趣带来干劲，干劲赢得成就。赏识犹如生命的营养，赏识是孩子生命成长的阳光。

让孩子学会自己站立

每个孩子都是父母的心头肉，都在父母的百般呵护之下长大，从他们出生开始，一直到他们长大成人，父母都是他们的"搀扶者"，为孩子扫除人生路上的一切障碍。孩子在不知不觉之中，已经习惯了父母安排一切，习惯了凡事依赖父母，不愿意独立。但是，孩子迟早要离开父母，独立生活，这是人类社会延续和发展的必然规律。

孩子在不断地长大。成熟的过程当中，身体的独立是自然而然的事情，但是孩子的心理能否独立，离开了父母的保护，孩子能否独自生活。这可能是现在的家长们最关心也是最担心的问题。

张太太的女儿圆圆今年3岁，长得乖巧伶俐，很是招人喜欢。

周末，张太太和朋友约好去公园玩，把圆圆也一起带去了。张太太和朋友坐在公园的草地上聊天，圆圆在旁边跑来跑去。一不小心，"咚"的一声重重地摔在了地上。朋友看见了，忙打算过去扶起圆圆，可是张太太拦住了她，说："不用去扶她。"

朋友很是疑惑，这么小的孩子重重地摔倒在地，当妈妈的难道不心疼吗？

结果，圆圆并没有哭，她双手撑地，摇摇晃晃地站了起来，然后若无其事地继续玩。

朋友问张太太："圆圆平时也是自己站起来的吗？"

张太太笑着说："都是她自己站起来的。"

孩子摔倒了，不要急着去扶起她，要让她学着自己站起来，这对孩子的独立是十分重要的。圆圆一岁多的时候，张太太会扶她起来，等她两岁多，就不再扶了。

第一次，张太太没有扶圆圆起来，圆圆坐在地上哭闹不止，张太太就哄她，让她自己慢慢站起来。虽然花了较长的时间，但是圆圆终于还是自己站了起来。第二次摔倒的时候，她正想哭，张太太立刻跟她说："圆圆最勇敢了，自己站起来。"圆圆磨蹭了一会儿，看见张太太不去扶她，就自己挣扎着站起来了。

经过四五次这样的"较量"以后，圆圆再摔倒都不再赖在地上等人扶，而是飞快地爬起来。有时候摔重了，她感觉到痛，就哭两声再爬起来。摔得不重的话，她就像没事一样，自己站起来，有时候还会自我解嘲笑一笑。

孩子走路摔倒是常有的事，如果他每次摔倒家长都要去搀扶他，这样就容易使孩子养成依赖的习惯。如果孩子每次摔倒了都要哭，孩子就会变得较弱。等到以后在生活中面对困境的时候，他就没有勇气去应对，遇到挫折的时候，心理脆弱。让孩子学会自己站起来，就是在教孩子学会坚强，让他以后在面对困难的时候，更有勇气。

要让孩子学会独立不是一朝一夕的事情，家长要用科学的方法教育孩子，有的家长爱子心切，觉得孩子还小，不忍狠下心来教育孩子，不舍得让孩子独自去承受任何的压力，这样做的后果只会害了孩子，让孩子将来无法独立、自强。培养孩子的独立意识，应该从孩子小的时候就开始。俗话说：没有教不好的孩子，只有不会教的父母。做父母的怎样对待孩子，可能决定了孩子以后的命运。

让孩子自己开拓人生

在生活中，很多父母把孩子看作掌心的宝。无论孩子遇到什么样的困难，父母都是亲自出马为孩子排忧解难，为孩子的未来铺就一条康庄大道。似乎只有为孩子解决好一切困难，父母才能够放心。事实上，父母这样做，是犯了一个不可容忍的错误：他们束缚了孩子的思想，没有给孩子一个运用自己大脑去开辟自己人生道路、实现远大理想、证实人生意义的机会。这样，孩子只能在平淡中度过他的一生，永远无法真正认识到人生的意义。

其实做父母最重要的是学会陪伴孩子快乐成长，让孩子享受成长过程中的快乐。父母要区分清楚，主角是孩子，父母只是陪伴孩子成长，而不是操控孩子的成长。每个做父母的都希望自己的孩子将来能有一番作为，能在社会中占有一席之地。

但是，孩子将来所走的路和父母当年走过的路是不一样的，父母不能用曾有的眼光来看待孩子将来的生活，而是要放开手，让孩子自己去规划他的人生。父母可以从旁给孩子以指点，但是不要干涉孩子，不要帮孩子规划他的未来。孩子的人生是他自己的，不是父母的，要让孩子自己去开拓。家长越早放手，对孩子的帮助就越大。

生活中，很多父母把孩子当成自己的私有财产。在教育孩子的时候，以自己的意愿为准则，望子成龙心切，迫使孩子接受自己的观点，而对孩子自己的意愿则不管不顾。为孩子规划他的人生。如果孩子达不到自己的要求，父母就会爱之愈深，痛之愈烈，不是对孩子进行体罚，就是放任自流。这种缺乏理智的教育方式大大打击了孩子主动探索世界奥秘的积极性和自信心，不但不能使孩子成才，反而会使孩子成为父母主观愿望的牺牲品。

孩子的成长需要一定的空间，需要在实践中去检验自己的能力，需要学会如何应对生活中可能出现的危险局面。父母要做的是为孩子提供条件，对于孩子的兴趣和爱好，可以顺其自然，或者给予指导和点拨。父母不要自作主张为孩子做决定，也不要代劳孩子自己能做的任何事情，让孩子自己规划自己的未来。让孩子自己做选择和行动，使孩子看到自己努力的结果，鼓励孩子大胆尝试。培养孩子的自信心，关注孩子的每一个细微进步，这是父母应尽的责任。

"自古雄才多磨难，从来纨绔少伟男"其实纵观所有成功的人，哪一个不是经历了风雨的洗礼才取得成功的？周恩来在少年时期就立下"为中华之崛起而读书"的大志。南开中学毕业之后，父母并没有帮他成家立业，而是放手让他自己去开拓人生，最终成为我国伟大的总理。

生活中，父母可以有意识地引导孩子，让孩子走上一条正确的道路，但是不能凡事包办代替。当孩子在做错事情的时候，家长应该引导孩子去改正，而不是动手帮助孩子纠正错误。要让孩子从小养成勇于承担责任和自己处理问题的习惯，而不是养成依赖他人或者逃避现实的习惯。父母要鼓励孩子参加各种各样的活动，以增强孩子的合作意识。在活动中，要教育孩子懂得什么是"分享"和"合作"，如何避免和解决冲突，同时也要教会孩子懂得欣赏别人的优点和长处，要帮助孩子尽快地融入社会，学会做人。这对孩子将来的人生规划是很有好处的。

《小马过河》中讲述了这样一个故事：

当小马要过河时，松鼠说水很深，不能过；老牛说水很浅，可以过去。小马没主意了，回去问妈妈，妈妈要小马自己去思考，去试一试。当小马试了之后，发现水既不是松鼠说的很深，也不是老牛说的很浅，而是刚刚没膝。当小马不知河水深浅时，妈妈没有直接地告诉它是深是浅，更不是亲自带它去试一下，或背它过去，而是相信它的能力，要它用自己的脑袋去想，靠自己的实践去找到答案。

其实人也是如此。人生的意义就在于开拓、创新。如果孩子的一切事情都被父母包办代替了，孩子自己没有一点儿锻炼的机会，那么，孩子就永远也长不大，永远需要父母的保护。

　　对孩子的培养要从小做起，父母对孩子教育的重视程度与教育方法是否得当，与孩子今后是否成功密切相关。作为父母，要重视对孩子的教育。孩子的未来是他自己的，做父母的没有权力干涉，只能以自己的经验为孩子提供一些指点，引导孩子走上正确的道路，人生还是要孩子自己去规划。只有这样，孩子各方面的能力才能得到培养，才能在这个竞争激烈的社会中站住脚。

第八章
青蛙效应：培养孩子吃苦的精神

什么叫青蛙效应

曾经有人做过这样一个实验：抓了两只青蛙，把一只青蛙直接放进滚烫的热水里，由于它对不良环境的反应十分敏感，就会迅速地跳出锅外。把另一只青蛙放进冷水锅里，慢慢地加温，青蛙刚开始还优哉游哉地在水里游来游去，并没有立即跳出锅外。等到水温逐渐升高，变得滚烫的时候，再跳已经来不及了，最后的结局是被活活地烫死了。人们把这种现象称为青蛙效应。

这个现象告诉我们一个道理：在一些突发的事件中，往往很容易引起人们的警觉，但易置人于死地的却往往是因为在自我感觉良好的情况之下，对实际情况的逐渐恶化没有清醒的察觉。青蛙效应告诉我们一个古老的哲理：生于忧患，死于安乐。人天生就是有惰性的，喜欢安于现状，一般不到万不得已的时候，都不会去改变自己目前的生活。如果一个人一直沉迷于这种没有变化的、安逸的生活中时，往往会忽略周围环境的变化，当真正的危机到来的时候，只能像那只青蛙一样坐以待毙。

在生活中，每个人都应该学会未雨绸缪、居安思危。无论是生活上还是工作上，都需要努力奋进，力争上游。否则，逆水行舟，不进则退。回顾一下过去，当我们遇上猛烈的挫折和困难时，常常激发了自己的潜能；可一旦趋向平静，便耽于安逸、享乐、奢靡、挥霍的生活，而不断遭遇失败。

再富也要"苦"孩子

艰苦与挫折就是孩子成长不可或缺的助推器。父母们无原则的溺爱与放纵，会使从小未经历过物质艰苦和精神挫折的孩子不知"辛劳"和"珍惜"为何意，当父母满足子女的能力与子女日渐膨胀的私欲反差渐大时，就极易导致子女的精神和行为的扭曲、乖张。

把青蛙放到和池塘水一样温度的大锅里，青蛙不会往外跳，它在自己适应的锅里自由自在。当大锅的水温慢慢地逐渐升高时，青蛙全无感觉，不知跳出险境，最后沸水把它们活活煮死了。然而，当把青蛙抛到烧开的水中时，虽然青蛙会受伤，但它却会用最快的速度跳出来，不会丧命……

宁愿自己吃苦，也不希望自己的孩子吃苦，是许多父母对待孩子、对待生活的态度，这是一种深刻的父爱和母爱，可是效果如何呢？实际情况是，我们发现没有吃过苦的人，耐挫折的能力、解决困难的能力相对于吃过苦的孩子差了很多。所以当他（她）走向社会的时候，只有比别人多摔无数的跟头、多吃数不清的苦，才能学会独立。这绝不是我们的初衷……

逆境强烈地求生，顺境自然地堕落！这是人和动物都具有的本性。"穷人的孩子早当家"，这句话我们不是也常常说吗？

在幼儿园，所有的孩子几乎都是自己的事情自己做，大到收拾文具、整理书包甚至帮着幼儿园老师打扫卫生，小到自己穿衣、吃饭、系鞋带；但是，一回到家里，父母就包办了孩子的所有事情，吃饭要喂，穿衣要帮，甚至刷牙都要父母动手！而这还是好的，如果家中再有老人，爷爷奶奶也好，公公婆婆也好，孩子整个就是一个"衣来怕伸手、饭来懒张口"的皇帝老爷！

"艰难困苦，玉汝于成。"只有让孩子在艰苦的环境中接受锻炼，经受考验，形成坚强的意志和品格，将来才能更好地融入社会，才能成就一番事业。许多发达国家和富豪之家，都十分重视对孩子俭朴生活的教育。在澳大利亚，人们信奉的仍是"再富也要'穷'孩子"，从小就注重培养孩子勤俭节约的品格，在物质方面对孩子的要求可谓苛刻。澳大利亚中小学生中午不放学，学生可以在学校食堂里购买午餐，但多数学生还是自己带饭，一般是一瓶可乐加一个汉堡包和一个水果，如果仅从孩子所带的食物上来判断，谁也猜不出哪家穷哪家富。

美国富豪洛克菲勒，对子女在经济上"吝啬"得很，7岁至8岁每周给零花钱3美分，11岁至12岁每周1美元，12岁以上每周才给3美元。且每周发一次，还发给每人一个小账本，要他们记清每笔支出，领钱时交家长审查，钱账清楚，用途正当，下周增发5美分，反之则减。他们通过这种办法使孩子从小养成不乱花钱的习惯，学会精打细算、当家理财的本领，其用心之良苦，使人深思！

让孩子体会生活的艰辛

如果孩子的一切由家长包办，孩子就不易知道生活的艰辛。为此，在家庭中应适当地让孩子做些事，如让孩子照料一盆花，每天给它浇水，定期施肥，经常观察盆花生长变化的情况。当一盆花在孩子的精心照料下，开出鲜艳而美丽的花朵时，会使孩子从中体会到做成一件事，必须付出自己艰辛的努力。

在现今这样一个竞争激烈的时代，家长们哪个不为"钱"途疲于奔命？而我们的孩子有时却像是旁观者，根本不知道或者不顾父母赚钱的辛苦，只是心安理得地躺在父母怀抱中享受。而许多父母出于爱子心切，也不愿让孩子过早地了解生活的艰辛，不愿让孩子的生活中出现哪怕是一丝阴影，情愿只身为孩子遮风挡雨，但这样做的结果只会使我们的孩子产生错觉：生活中只有阳光，只有甜蜜，没有坎坷，即使家里出现经济状况，那也是父母该操心的事。最终你会痛心地发现：孩子缺乏那种和家人同甘共苦的意识，而此时你与孩子的心实际上早就隔开隔远了。

张欣欣是个高薪白领，丈夫也是国家公务员，家庭条件很是不错，但是，她从来不迁就自己的孩子。为了让孩子知道钱是怎样赚来的，她会开着车把孩子放到广场上，让孩子去卖报纸。孩子就这样手上拿着几份报纸，走在人行道上，用脆生生的童音向人群吆喝："叔叔，阿姨，你们爱看报纸吗？买一份报纸看看吧！"而她就在车旁边看着。

或许很多家长觉得这样做没必要，但这种生活确实让孩子们体验到钱是怎样一分一分地赚来的，因而也就会更加珍惜，更懂得感谢父母的辛劳。张欣欣说，有了这段卖报纸的经历，每天下班后，孩子再也不会缠着她买这买那，而是接过她的提包，给她倒水喝茶。孩子再也不抱怨父母没时间陪他们了，因为他们知道，父母所有的努力是为了将来他们过上更好的生活。现在，儿子都将卖报纸作为自己的业余爱好了。

现在的孩子，特别是城市里长大的孩子，没有受过什么苦难，不知道生活的艰辛，不知道金钱来之不易。更有的孩子不管家长多么辛苦，依旧要名牌衣服，要名牌自行车、摩托车，吃喝讲排场。他们大多是享受型的，衣来伸手、饭来张口，花钱大手大脚，真希望这些孩子能够在劳动中明白和知道生活中的不易，更加珍惜这美好的生活。

从自己身边的小事做起

让孩子学会吃苦不一定非要经过激烈的劳动，可以从自己身边的小事做起。美国亿万富翁洛克菲勒家族鼓励孩子自己去挣钱，擦一双皮鞋5美分，一双靴子20美分，目的就是要培养孩子吃苦的精神。

该让孩子做的事情，就得让孩子自己去做，孩子做不好的事情，父母应该指导孩子去做。在家里，要让孩子独立完成自己的生活起居，打扫自己的房间，清理自己的物品等，学习和心理上，让孩子独立思考，独立完成。家长不能代替孩子去考虑问题，要尊重孩子的意见，这样孩子才能独立思考问题，有主见，从而为他以后的成功打下基础。

家长不能代替孩子考虑问题，要孩子自己去思索、探讨、研究，要尊重孩子的意见，这样才能培养孩子独立思考问题的能力，树立主见，从而为孩子以后做事的成功主动性打下基础。在日本，家长从小就会给孩子灌输这样的观念：自己的事情自己办，所以日本孩子外出的时候总是自己收拾包裹、背包裹，野外郊游家长不陪同，如果他要别人来帮忙，那是会让别人看不起的。有的男孩从小就洗冷水浴，一年四季洗冷水浴，以此来锻炼自己的意志和吃苦的精神。

莉莉今年 13 岁了，她对自己的外表开始关注了。于是她开始频繁地换漂亮衣服。莉莉确实变漂亮了，可是换洗的衣服却成了妈妈沉重的家务负担。

有一天，妈妈实在忍不住了，吃过晚饭以后，她把莉莉叫到自己面前："宝贝，妈妈工作很忙，你已经 13 岁了，可以为妈妈分担家务，做一些自己的事情了，以后你的衣服要自己洗。如果你忘记的话，就只好穿脏衣服了。"莉莉很痛快地点了点头。

一周过去了，妈妈发现洗衣机里塞满了莉莉的脏衣服，她很生气，于是严厉地批评了莉莉，莉莉答应妈妈下次不会忘记了。

接下来的一周，莉莉还是没有洗，脏衣服更多了，洗衣机里已经放不下了，那么多的脏衣服都堆在了莉莉的屋里，地板也被占满了。而且莉莉已经没有几件干净衣服可以换了。

妈妈虽然看在眼里，但并不过问。当然，莉莉也有她的应对办法：她从脏衣服堆里捡出稍微干净的衣服继续穿，就是不肯自己动手把脏衣服洗干净。

几周过去，莉莉已经再也拣不出一件稍微干净点儿的衣服了，而妈妈依然是不闻不问。莉莉实在没有办法，只好把衣服一件件洗干净。此后，莉莉的衣服都是由她自己来洗，而且她发现洗衣服并没有她想象得那么难，莉莉甚至还渐渐开始帮妈妈做其他的家务了。

我们总是不满于孩子的懒惰，想帮助孩子纠正这一习惯。但是，针对劳动习惯的培养，空洞的说教是毫无意义的。要培养孩子从小爱劳动的习惯，就要让孩子亲自体验，多多训练，最终形成习惯。多做些日常生活中的家务就是最好的锻炼方式。

让孩子从小热爱劳动

疼爱孩子是天下所有父母的共同行为，但是失去理智的疼爱却会对孩子将来的发展产生很不利的影响。生活中，我们常常会看到这样的情形："宝贝快来吃饭，张嘴，用劲嚼，咽呀。"奶奶跟在孙子后面，瞅准时机不时喂上一口饭。小孙子却东张西望地一会儿跑到这儿，一会儿又拿起小车子"嘟嘟"地开起来，嘴里含着一口饭怎么也不咽下去。

现实生活中，像这样的情况并不在少数，孩子习惯了衣来伸手饭来张口，什么也不愿做，什么也不会做。有些家长觉得孩子还小，什么也做不了，就这也不让动，那也不让碰，结果孩子大了，还是什么都不会做。

孩子在两岁左右时会有很强的动手欲望，看到爸爸看报纸，他要帮着翻，结果，把报纸撕了。妈妈剥豆子，他觉得有趣，哗啦一下，刚剥好的豆子撒了一地。于是，家长们就觉得孩子变得调皮了，总是捣乱，甚至限制孩子的这些行为。

两三岁的孩子，可以擦桌子、扫地、整理玩具、倒垃圾、捡菜剥豆、分发碗筷、刷洗碗筷等，还可以学习洗手绢、浇花养鱼。一开始做不好没关系，先养成动手的习惯，这对他将来顺利走向人生道路起着重要的作用。需要注意的是，在引导孩子劳动过程中，切忌以命令的口气指手画脚，要因人而异，因地制宜。更要根据孩子的年龄特点选择劳动内容，并及时鼓励孩子，让他们既能体验到劳动的快乐，也可以体验到自身的宝贵价值，收获成功的喜悦。

现在，不少父母宁可自己吃千般苦，也不让孩子受一丁点儿累。于是，孩子从小便养成"衣来伸手，饭来张口"的不良习惯，缺少自立性和吃苦精神。

孩子学习的方式大部分是从实践中得来的，家长应该多给孩子提供一些动手的机会。

在我们周围常常发生类似的情况，明明孩子自己可以做的事，家长偏偏要代理包办，究其原因，是父母对儿童缺少应有的信任，低估了孩子的能力所造成的。一般家长总认为孩子太小，让孩子做家务是他长大了才应做的事，把孩子伺候得舒舒服服的是理所当然的。还有的家长认为孩子毛手毛脚的，与其做不好还不如自己来。日久天长，孩子饭来张口、衣来伸手便渐渐成为习惯。

其实，孩子不愿吃苦，拒绝吃苦，并非是孩子的过错，而是父母没有重视从小培养孩子自立能力和吃苦精神的结果。

不要让孩子养成衣来伸手、饭来张口的坏习惯，只有勤快的孩子才会懂事，知道关心体贴别人。一般情况下，勤快是培养出来的，所以家长要树立这种观念，并付诸行动。

培养孩子独立生活的能力

郑板桥老年得子，可他深知"爱子必以其通"。临终前，他把儿子叫到床前，不是给儿子许多金银财宝，而是叫儿子蒸馒头给他吃。手下人出面求情："少爷不会做馒头，还是让厨师代劳吧。"而郑板桥固执地坚持要儿子自己动手。儿子只得向厨师请教，终于蒸出一锅馒头。当他把馒头送到父亲床前，老人已经与世长辞了，床前只留下一张遗嘱："淌自己的汗，吃自己的饭，自己的事情自己干，靠天靠地靠祖宗，不算是好汉！"

这就是说，人活着要依靠自己的力量，要独立，不要依赖别人。依赖性是指凡事都要依靠别人，缺乏自立和自理的一种心理倾向。有依赖性的人，往往缺乏独立性、果断性和自觉性，不能坚持真理，信守原则，容易被人诱惑。依赖性发展下去，还可能产生以下两种不良后果：一种依赖性较强的人性格柔弱，属于缺乏自主型。遇事不能独立思考，没有主见，甚至日常生活中的琐事都要别人为他拿主意。另一种依赖性较强的人属于缺乏自信型。生活中总是感到自己事事不如别人，对周围的事物颇为敏感，甚至可能由于某些微不足道的羞辱而成为自卑的人。

生活中，很多青少年身上都存在着一定程度的依赖心理。究其原因，主要是由于优越的生活环境和父母的溺爱造成的。这种依赖心理会严重影响孩子的成长和发展。如果得不到及时的矫正，还可能导致孩子产生心理畸形，削弱孩子在生活中解决挫折和困难的能力。

探险家司蒂芬森就是一个这样的人。他为了揭开北极的奥秘，决心到北极去探险。当他向北极行进的第四十天就把随身所带的食物吃光了。在那异常寒冷、没有人烟的北极区域，他没有谁可以依赖，凭着自己顽强的毅力才得以生存。没有食物，他就靠猎取海豹和北极熊充饥。没有燃料，就弄些熊毛当燃料将肉烤熟吃。有时弄不到可燃物，他就得饿肚子，或者只好吃生肉。司蒂芬森就是在这样极端艰苦的条件下。以他的智慧和毅力胜利地到达了目的地，并且前后在北极圈内考察了 11 年之久，其中有 6 年的时间是靠猎取野生动物赖以生存的。

家长在教育孩子的时候，不妨给孩子讲讲这样的故事，告诉孩子，当身处逆境的时候，他需要依靠自己的力量走出来。因为生活中很多时候是没有谁可以依赖的，只能靠自己的努力。因此，为了培养孩子的坚强意志，以应付生活中随时可能出现的逆境，家长必须教育孩子要克服依赖性。那么，怎样才能克服依赖性呢？

第一，增强自信心，消除自卑感。很多孩子产生依赖心理的原因就是自卑心理导致的。具有自卑心理的人，在生活中对人对事缺乏正确的认识，对自己的水平和能力没有一个正确的评价，很容易高评他人，低估自己。无论做什么事情都缺乏必要的自信心，在别人面前总是自愧不如，不如别人做得好。其实，每个人都有自己的长处和不足，有时你可能在这一方面有长处，而在另一方面显得不足，别人的情况可能与你相反。所以要有自信心，自卑是没有必要的。

第二，要改变生活中的不良习惯，提高生活的自理能力。如今，无论是在日常生活上，还是在学习中，很多孩子在家里受到父母或其他亲属的过分溺爱，长期生活在饭来张口、衣来伸手的特殊环境中，养成了离不开"拐棍"的生活习惯，事事都要依赖他人。这样长期下去对一个人的成长与发展是有百害而无一利的。所以，要想成为一个独立自主的人，就要从小养成好的生活习惯，从小事做起，踏踏实实地学习别人的长处。遇事要有自己的主见，自己的事情自己处理，不要过多依赖父母和他人。

第三，要甩掉焦虑的包袱。焦虑实际上是一种盲目的恐惧，常常表现为做事情多虑、担心、害怕失败。这种精神上的沉重包袱是产生依赖心理的又一原因。在生活中，有的人做事情时常被一种莫名其妙的恐惧感所困扰，很难施展自己的能力和发挥正常的水平。例如，在测试学习成绩的考场上，有的人就因为心理焦虑严重，不仅发挥得不理想，甚至就连平时完全掌握的知识也很难答出来。因此，只有甩掉焦虑的包袱，独立能力才会有所提高。

第四，要提高分析和解决问题的能力。有些人在处理问题的时候，很难把握问题的焦点，优柔寡断，难下决心。究其原因是对所要解决的问题缺乏足够的认识，缺少实践经验。在我们的生活中，有的人遇到了问题，无论难易程度如何，不是开动脑筋，以自己的能力把它解决，而是采取逃避的办法，或者完全依赖别人的帮助去解决。这样的人如果不克服依赖性，就很难适应新的生活和新的工作环境。因此，要克服依赖性，就要不断地提高观察、分析事物的能力，努力学习和掌握分析问题的方法。做到全面地、辩证地分析问题和解决问题。

第五，要参加劳动，参加社会实践。在生活、劳动和社会实践中，学会独立生活，培养独立生活的意识。这对今日的独生子女而言尤为重要。这是因为：当前大部分独生子女由于父母的溺爱而养成了"饭来张口、衣来伸手"的依赖习惯，父母对孩子生活的大包大揽使孩子缺少锻炼的机会。因此，在优裕生活条件下成长起来的孩子难以理解生活的艰辛，再加上社会上一些攀比、摆阔的不良风气也给孩子以不良的影响等，让孩子产生了依赖的恶习。

父母要培养孩子独立生活意识，首先要给孩子树立正确的人生目标，让孩子明白自己的人生价值。让孩子在正确的人生观的指引下，形成自立、自主、自强、自理的意识，摆脱依赖父母、依赖旁人的思想。凡是孩子自己能够做到的事情，无论是生活中的还是学习中的，都要让孩子自己去做，家长不能代劳。家长要多给孩子创造一些接触社会的机会，在社会中学会独立生活，积累经验，增长见识。只有这样，孩子才能培养起自己独立的生活意识。

"宝剑锋从磨砺出，梅花香自苦寒来。"只要孩子不断努力学习，自觉艰苦地锻炼，坚持自己的事情自己做，依赖性的不良心理才能够克服，独立生活能力才能够增强。

让孩子拥有坚强的意志

意志坚强的人，无论在什么样的情况之下，面对多么棘手的问题，多么艰苦的环境，都能够及时地调整自己的心态，用一种积极乐观的心态去面对自己的工作、生活，不会轻易放弃自己既定的目标。而意志薄弱的人，即使遇到再小的困难，也容易放弃，容易退缩，最终难以实现自己的理想。

现代社会的孩子，绝大部分都是父母的掌中宝，含在嘴里怕化了，捧在手上怕摔了，从小受到父母的精心照料、全心呵护，从来不知生活的艰辛。更有些家长为了让孩子专注于学业，把孩子生活中的一切事情都包办了，从各个方面来满足孩子的要求，一切为了孩子着想，不肯让孩子受一丁点儿委屈。

然而，人生的道路很漫长，难免会遇到大风大浪，会碰到艰难困苦，而父母不能照顾孩子一辈子，孩子总要离开父母去寻找自己的天空。如果父母不从孩子小的时候锻炼孩子的意志，让孩子进行吃苦的磨炼，那么，孩子长大以后就很难适应社会，无法承受生活的考验。尤其是如今生活在现代都市里的孩子们，优越的生活条件使他们失去了经受艰苦环境磨炼的机会，使一些孩子的意志松懈、性格懦弱、经不起一点风雨。

孟子说："生于忧患，死于安乐。"作为一个生活在"顺境'

中的人，绝不应当使自己满足于现实，停滞在安乐之中。尽管目前我们不需要花太多的精力去战胜恶劣的环境，但我们必须花很大的精力去战胜自己，去战胜存在于自身内部的困难，如懒惰、散漫、贪玩、任性、管不住自己、怕吃苦、没主见、爱着急等不良性格特征。其实，日常学习和生活中的许多看似平常的小事，也都需要有意志力来完成。

我国古代有一个"学弈"的故事：两个孩子一块儿听老师讲下棋的知识，两个孩子都很聪明，但是听的情况却大不相同。一个专心致志，只听老师讲解，任何事情也干扰不了他；而另一个心里总想着有大雁从天空飞过，好用箭把它射下来炖肉吃。结果，前一个孩子学得非常出色，后一个孩子学得稀里糊涂。同样是聪明的孩子，为什么会出现两种不同的结果呢？究其原因，就是意志品质的不同。前一个孩子目标明确，自觉性强，自制力强，所以能够坚持到底。而后一个孩子没有目标，所以自觉性差，不能坚持到底。

有一句流传很广的话——性格决定命运。一个人的性格如何，跟他一生的发展、生活、工作乃至身体都有直接的关系。人的性格由四方面主要内容构成：对现实的态度、意志、情绪、理智。它们形成一个统一的整体，成为性格。每个人都有各自的性格特点，也自然有优劣之分。好的性格，在这四个方面的表现都是上乘，缺一不可。其中意志起着特别重要的作用，既能调控态度，又能调控情绪，并且促进和保证理智的充分发挥。因此，培养孩子的意志品质是非常重要的任务。

第九章
超限效应：不做唠叨的父母

什么叫超限效应

接二连三地对一件事进行同样的批评，会使孩子从最初的内心愧疚变成不耐烦，进而产生逆反心理——"为什么总是抓住我的错误不放？"本来孩子也许已经做好了改正的准备，但在父母无休止的批评刺激下，完全有可能破罐子破摔，这将和家长最初的教育目的背道而驰。

美国著名作家马克·吐温有一次在教堂听牧师演讲。刚开始的时候，他兴致勃勃，觉得牧师声情并茂，讲得很好，让人听了很感动，他已经准备捐款。又过了10分钟，牧师还没有讲完，他开始觉得有些不耐烦了，于是决定只捐一些零钱。又过了10分钟，牧师还在滔滔不绝，他决定1分钱也不捐了。

这种刺激过多、过强和作用时间过久而引起心理极不耐烦或反抗的心理现象，被称之为"超限效应"。

在家庭教育中，这种超限效应经常发生。比如，当孩子犯了某一个错误，父母就会揪着这个错误一次、两次、三次，甚至四次、五次重复地做出同样的批评，使孩子从最初的内疚不安到不耐烦乃至后来的反感讨厌。当孩子被家长逼急了，就会出现"我偏要这样"的反抗心理和行为。

可见，父母对孩子的批评不能超过孩子忍受的限度。如果非要再次批评，那也不应该简单地重复，应该换个角度，换个说法，从不同的方面引导孩子改正错误。只有这样，孩子才不会觉得自己的错误被"揪住不放"，厌烦心理、逆反心理也就不会那么严重了。

其实，想要孩子改正错误和缺点，与其一遍一遍在孩子耳边念叨，还不如父母树立榜样，直接做给孩子看。

比如，孩子喜欢乱扔垃圾，家长一遍一遍提醒，都不管用，不如家长自己讲究卫生，孩子的模仿能力强，在父母的言传身教之下，他也就很容易接受父母的要求了。在一个家庭里面，通常妈妈的话都会多一点儿，所以，很多家长常常会有这样一种感受：妈妈苦口婆心劝导孩子，天天在孩子面前说，但是孩子根本就听不进去；反而是爸爸关键时候的一句话，就能够帮助孩子改正缺点。究其原因，就是因为母亲对孩子管得太多、太琐碎，让孩子产生了厌烦心理，反而不听话了。而父亲很少说孩子，但是却能抓住一些主要问题一管到底，所以教育的效果更好。

如果父母每天都对着孩子唠唠叨叨，数落个没完没了，孩子就容易产生逆反心理，从最初的愧疚到后来的对着干。因此，在教育孩子的时候，一定要适度，切忌数落程度超出孩子的忍受限度。有时候抓大放小，可能会更有效果。

批评孩子的话要实

最让孩子觉得反感的，就是父母的唠叨，它会让孩子产生永无出头之日的绝望感觉。有些父母喜欢给孩子讲大道理，或者不问青红皂白就劈头盖脸一顿粗暴指责，常常让孩子摸不着头脑，其结果就是，父母讲得口干舌燥，孩子听得莫名其妙，搞不清楚自己到底错在哪里。

批评孩子应该丁是丁、卯是卯，说准说透，以教育的质量为主，数量应该减少。

6岁的杨杨吃晚饭的时候闹着要吃方便面，妈妈指责他："你真是越来越不听话，哪里学到那么多坏毛病，真是让妈妈操心，你看你给妈妈找了多少麻烦。"

杨杨这么小的孩子根本不懂得什么是"坏毛病"，什么是"操心"，什么是"找麻烦"。妈妈一下子用那么多话来批评杨杨，杨杨只会觉得妈妈很唠叨，而不会真正认识到自己的错误。正确的做法应该是告诉杨杨，方便面没有营养，杨杨现在正在长身体，没有营养就会长不高的。让杨杨明白妈妈的意图，所以说，批评孩子也是要讲究方法的。

批评就是试图改变对方的想法、态度和行为。如果孩子对父母的话左耳进右耳出，批评就失去了它应有的意义。其实，即便是成人，每天反复听一个人讲相同的话，也会受不了的，何况是孩子。单调的重复容易使孩子产生"心理惰性"，他们需要新鲜的语言给自己提神，推陈出新往往能提升孩子做事的兴奋点，假如你换一种说法："如果我们再耽误一会儿，太阳公公就要回家吃晚饭了"或"已经晚上九点了，该让毛毛熊回家睡觉了"，孩子或许会更容易接受你的批评。

许多家长面对孩子是"横挑鼻子竖挑眼，左看右看不顺眼"，其实这不仅是教育观念问题，也是教育水平问题。即使孩子犯了错误，批评的时候也要注意方法。既要指正孩子的错误和缺点，又要鼓励孩子的优点，还要挖掘孩子潜在的优点，批评孩子前要先了解清楚情况，不能不问青红皂白乱批评，要给孩子申述的机会，以便分清是非，以理服人。

在教育孩子的时候讲很多的大道理，其实效果不一定明显。家长说得口干舌燥，孩子听得莫名其妙，与其对孩子说"你总是不听话，让妈妈操了多少心"，还不如对孩子说"打架是不对的，妈妈不喜欢你打架"。要求明白而具体，孩子才会听得懂，也才会知道怎么做，下一次才不会犯同样的错误。孩子还小，家长说得太多、太虚，孩子听不懂也听不进去。所以，批评孩子的时候，话一定要说得具体，提的要求是孩子能够听得懂的，这样，才会达到教育的效果，让孩子健康地成长。

俗话说：话多成愁。家长说得太多，让孩子产生反感，倒不如捡关键的说，一语中的，让孩子清楚你的要求。

批评孩子，适可而止

当孩子犯错误的时候，其心里是内疚的，此时家长只要一个谴责的眼神，几句语重心长的话，说不定就可以让孩子幡然悔悟，自觉地改正错误。而如果家长不依不饶，揪着孩子的错误数落一遍又一遍，就会让孩子觉得不耐烦，继而产生和家长对着干的逆反心理，本来想要改正的错误，后来又会继续犯。父母的苦口婆心，反而变成孩子继续犯错的理由。

生活中经常有这样的现象：父母三番五次地对孩子说"你不要贪玩，要认真学习"，可是孩子却将父母的话当作耳旁风，依然天天打游戏，成绩依然一塌糊涂；"你要爱干净，把你的屋子收拾收拾，看这乱成一团糟的。"结果孩子的房间仍然是乱七八糟，丝毫没有改变。

为什么会出现这样的现象呢？

心理学家经过研究后发现：人的机体在接受某种刺激过多的时候，会出现自然的逃避倾向。这是人类出于本能的一种自我保护性的心理反应。由于这个特征，人在受到外界刺激过多、过强或作用时间过久的情况下，就会极不耐烦或产生逆反情绪。心理学上将这一现象称为"超限效应"。

现实生活中有很多父母都喜欢对孩子讲大道理，一遍一遍，不厌其烦，孩子即使认为父母的话很有道理，但是也经不住这样的疲劳轰炸，说多了以后，孩子就会有逆反心理。因此，很多孩子爱和父母顶嘴，也就是这个原因。为避免这种现象的发生，父母在教育孩子的时候就要掌握好一个度。达不到这个度，就达不到教育的目的，但是如果过了这个度，就会产生超限反应，教育目的适得其反。只有掌握好分寸，恰到好处，对孩子的教育才能起到四两拨千斤的作用。

孩子做错了事情，不能一而再，再而三地批评，不能揪着这件事不放，应对孩子"犯一次错，只批评一次"。没完没了的说教，往往会让孩子产生听觉疲劳，甚至让孩子极度反感，反而达不到说服的目的。

佳佳15岁了，读初中三年级，她非常贪玩，经常和同学在网吧打游戏，每次都玩到很晚才回家。母亲严厉地责骂过她，也心平气和地和她谈过心，苦口婆心地劝告她，希望她能收敛一些，把心思放到学习上，可一点儿效果也没有，佳佳依然我行我素。

有一个星期六的晚上，佳佳又和几个同学在外面疯玩，直到夜里12点才想起回家。她心想：这下糟了，肯定少不了一顿臭骂。佳佳小心翼翼地开了门，进了房间，母亲还坐在沙发上，没有睡觉。佳佳低下了头，心里做好了挨骂的准备。可是让佳佳意外的是，母亲并没有像平时一样严厉地责骂她，只是神情黯然地对佳佳说了一句："你太令我失望了！"然后转身走进了厨房。

10分钟后，母亲从厨房里端出一碗热乎乎的面，对佳佳说："玩到这么晚，肯定还没吃晚饭吧？这是妈妈给你煮的面条，快趁热吃了吧！电饭锅里还有米饭！"母亲说完就走进了卧室。

看着母亲的背影和面前的这碗面，佳佳心里非常地愧疚，忍不住鼻子一酸，流下泪来。那天晚上佳佳辗转反侧，彻夜难眠，母亲那失望的眼神和苍老的面孔一直在眼前呈现。从此以后，佳佳再也不疯玩了，每天放学了就按时回家，学习也进步了很多。

案例中这位母亲刚开始对女儿苦口婆心的教育没有起到效果，后来言简意赅的一句话就让孩子幡然悔悟，痛下决心改正错误。可见批评孩子不一定要长篇大论，有时候无声胜有声、简洁的教育不仅能避免孩子产生反感情绪，而且留出了让孩子自我反思的空间，从而达到了教育的目的。因此，家长在教育孩子的时候，不要对孩子的错误揪着不放，适可而止，才能达到教育的目的。

批评孩子注意场合

许多家长在教育孩子的时候不顾场合，大庭广众之下，大声斥骂孩子，甚至还动手打孩子，以为这样能给孩子留下深刻的印象，以后不敢再犯。殊不知，这样的教育会伤害了孩子的自尊心，反而达不到教育的目的。孩子也有很强的面子观念，如果在公共场合受到父母的批评，孩子会觉得很没有面子，即使明知道自己错了，也不会跟父母认错，反而还会强词夺理，和父母对着干。

万丽今年 15 岁，上初中二年级，平时比较懒，老是丢三落四，自己的房间也是乱糟糟的，从来不知道打扫。万丽妈妈是个非常爱干净的人，平时看见万丽乱扔东西就会耳提面命地要她注意卫生，告诉她女孩子要懂得打理自己，可万丽总是左耳进右耳出，一点儿也没有改变。

前段时间的一个周末，万丽的妈妈邀请同事来家里做客。妈妈从车站接客人回来一看，客厅里已经乱得不成样子：满地都是万丽的书，沙发垫都掉在了地上，吃完的果皮乱七八糟地摆在茶几上。而万丽正跷着二郎腿在沙发上看电视。妈妈这一下可是火冒三丈，也不管有没有客人在场，对着万丽就是一阵责骂："你看你，那么大的人了，也不会收拾，我都替你感到不好意思。"骂得万丽面红耳赤，哭着跑回了自己的房间。

孩子也是有自尊心的，孩子越大，自尊心就越强，父母当众批评孩子不仅容易使孩子的自尊心受到伤害，还容易使孩子产生敌对心理，得不偿失。

其实，孩子的面子比大人的面子更重要。孩子的每一个行为都是由孩子的心理生理年龄决定的，孩子有自己的想法思维，这些在大人的眼里可能是微不足道的，但是在孩子的眼里却是很重要的事。父母没有搞清楚原因就批评孩子，不但不能起到教育的作用，反而会加重孩子的逆反心理，使孩子产生抵触情绪。英国教育家洛克说过："父母不宣扬孩子的过错，则孩子对自己的名誉就越看重，他们会觉得自己是有名誉的人，因而就会更小心地去维护别人对自己的好评；若是你当众宣布他们的过失，使他们无地自容，他们便会失望，而制裁他们的工具也就没有了，他们越觉得自己的名誉已经受到了打击，则他们设法维护自己好评的心思也就越淡薄。"

孩子如果被父母当众批评，被当众揭短，孩子自尊、自爱的心理防线就会被击溃，甚至会产生以丑为美的逆反心理。因此，父母在批评自己孩子的时候，一定要注意环境和场合，切忌当众批评孩子，特别是当着孩子的朋友说孩子的不是，这会严重伤害孩子的自尊。尊重孩子，保护孩子的面子，才能取得理想的教育成果。

批评孩子不要翻旧账

孩子最怕家长在教育自己的时候唠唠叨叨，没完没了。把多少年前的旧账翻出来，反反复复地说。昨天已经认了错，而今天又要翻旧账，使孩子灰溜溜地不知何日才能挺胸抬头做人。其实，家长对孩子最有效的批评应该是言简意赅，点到为止，对于这样的批评，孩子才会牢记终身。

小波最近学习状态很不好，几次的测验成绩都不理想。于是，妈妈就开始唠叨了："以前就是因为你爱打游戏，喜欢看篮球比赛，经常半夜三更还不睡觉，造成学习成绩下降。跟你说了多少次，叫你改你不改，平时提醒你、督促你不听，怎么样，现在知道后果了吧，学习成绩又下降了吧，你要是再不改，到时候你连大学都考不上……"小波的妈妈一边抱怨着小波从小就不听大人的话，一边又把小波以前犯下的种种过错数落了一遍。妈妈这种爱翻旧账的习惯常常把小波弄得非常苦恼。

"上次那件事，我早就跟你说过了，你怎么就是不长记性呢？""跟你说了多少遍，让你不要这样……"类似于这样的话，很多父母在教育孩子的时候都说过，甚至有些已经变成了教育孩子的开场白。孩子犯了一点小错，就新账旧账和孩子一起算，多少年前的陈芝麻烂谷子的事情都扯出来，以为这样耳提面命的教育会对孩子起到比较深刻的教育作用，殊不知，孩子最反感家长这样。

家长在教育孩子的时候，应该就事论事。孩子犯了错误，家长只要跟他们讲明道理就可以，不需要一直纠缠，应该翻过这一页。就算孩子再犯类似的错误，家长也不要拿以前的错误说事，不要一出现问题，就把问题无限延伸。过去的事已经成为过去，家长不要总是记着孩子以前不好的地方，这样会让孩子感觉在父母面前永远无法翻身。孩子正处在不断学习、成长的过程中，父母要学会原谅孩子的过错，动不动就翻孩子的旧账容易伤害孩子的自尊心，打击孩子的自信心，会让孩子产生一种自己一无是处的感觉。

父母要给孩子改正错误的机会，包容孩子的缺点，这样才能让孩子不断地进步。批评孩子的时候要清楚孩子所犯错误的原因，不要想当然地把现在和以前的错误联系在一起，要就事论事，碰到一个问题解决一个问题。家长要不断地发现孩子的优点，鼓励孩子的每一次进步，给予充分的肯定，帮助孩子树立生活学习的信心。

家长翻旧账，其实就是对孩子成长的否定，对孩子进步的否定。当孩子觉得自己已经有所进步，有所改变的时候，下一次犯错误，家长又把以前的错误拿过来说，孩子就会觉得自己所做的改变没有任何效果，得不到父母的肯定，从而产生"还不如就这样"的心态，原本想要改正错误的决心，说不定就被父母翻旧账的行为给磨灭了。

"知错能改，善莫大焉。"家长在教育孩子的时候，不要总是旧话重提，抓着孩子以前犯过的错误不放，要看到孩子的进步，不要把孩子"打回原形"。

换种口气试试

在家庭教育中，这样的话经常听到："你怎么每次做作业都要我来提醒你？""你怎么还去打游戏啊？""你怎么只知道玩呀？""你怎么每次考试都考那么差？"家长总是有意无意把自己放在一个强者的位置，习惯于用责骂的口气、评价的口气和孩子说话，而很少用平等的口气和孩子说话，尤其是在孩子犯错的时候，这种口气更加严厉。

一个周末的午后，小武在打游戏，妈妈在收拾家务，妈妈边收拾边提醒小武："小武，玩一会儿游戏，别忘记了做作业，还有，记得把那篇三字经抄一遍。"小武点点头，响亮地答应了一声。

半个小时以后，当妈妈收拾完再到小武的房间，却发现小武依然在玩游戏，似乎把做作业这件事情忘记了。妈妈想起来小武上个星期的中期测试考得很不理想，而今还这样不思进取，不觉有点儿火大，口气也不知不觉变得生硬了："你怎么这么没有上进心啊，你看隔壁的小王，成绩比你好，人家还知道每天自觉地看书学习，我天天在你耳边提醒你，你还这样，你能不能自觉点儿啊？"

谁知小武这次听到妈妈的训斥，并没像以前那样顺从地、赶紧站起来去写作业，而是很不耐烦地说："妈妈，你老是说我怎么不这样，怎么不那样，还老是拿我跟别人比较，我听到了心里很烦，你只看到我在玩的时候，我学习的时候你怎么看不到，你总这样说我，我听到就烦！"

妈妈当时一听，就愣了一下。是啊！自己说过太多类似的话，而且用这样的责问评价口气去指正孩子，已经快成为自己的一种习惯了。

小武妈妈陷入了深深的思索，并从这件事起开始反省，试着去努力改变自己。

生活中，很多家长教育孩子的时候无意识地使用辱骂挖苦的字眼，他们认为这样做是不得已的教育方式。但对于孩子来说，这无疑是一种折磨。在日常生活中，大多数父母都会有这样的苦恼：想让孩子干什么，孩子偏偏不去做，甚至故意唱"反调"；而不让孩子干的事，孩子偏偏干得很起劲。而为人父母的我们，往往怒火膨胀，尖刻、严厉、不管深浅的怒骂随口而出。但是骂也骂了，打也打了，孩子依然是我行我素，用不了多长时间，就又和原来一样了，甚至有时候还会变本加厉，变得越发难以沟通。造成这种现象的主要原因就是：家长在和孩子沟通的时候，没有注意方法，不能让孩子心服口服。

小小今年 8 岁了，上小学二年级。以前小小是个很听话的孩子，聪明伶俐，好学上进。一年级的时候她每次考试都是班上的前几名。可自从上了二年级以后，小小就好像变了一个人一样：作业经常都不做，上课的时候变得爱睡觉，迟到更是家常便饭，性格变得孤僻，常常独自一个人活动。这次期中考试她考了倒数第五名。班主任田老师百思不得其解，于是决定去小小家进行家访。

田老师一进到小小家就听到一个女人在大声地训斥人："你的猪脑子里每天都在想什么？你看你这成绩单，你还有脸去上学？去年是怎么学的？今年大脑受刺激了？"田老师进屋的时候这个女人正用手指点着小小的头，田老师自我介绍说："我是小小的班主任，今天来是想了解一下情况。"女人是小小的妈妈，她赶紧让田老师坐下，接着就对田老师诉起了苦。原来今年年初小小的父母离了婚，小小由妈妈抚养。但是按照小小妈妈的话说："我从没有因为离婚而让孩子的学习受到影响，而且管理孩子更加认真和严厉了，就怕她不思上进。"

田老师和小小妈妈说话，小小就在一边漠然地坐着，时不时地看妈妈一眼，满不在乎的样子。小小妈妈这时候出去接电话，田老师摸着小小的头说："小小，妈妈经常这样骂你是吗？"小小的眼神里很明显地掠过一丝悲伤，没有说话。"老师知道你很聪明，你一直都是个很优秀的孩子。现在，你只是暂时出现了一个意外，你应该勇敢地去面对各种困难，只要你做回本来的自己，努力地把落下的功课再补回来，大家都会像以前一样喜欢你，包括你的妈妈。"小小这时候哭了出来，她说："我妈妈整天就知道骂我，其实我也知道她是为我好，可是她的话太难听了。我有很多次都想离家出走了。"田老师拍着小小的肩膀说："可能是你妈妈离婚以后心情不太好，不过你不应该自暴自弃，知道吗？我待会儿和她好好谈谈。"

无数事实证明，家长在教育孩子的时候使用过激的语言很容易引起孩子的反感，达不到教育的目的。我们之所以习惯责问、习惯评价，是因为没有把自己和孩子放平等。试着改变自己，换一种口气和孩子说话。比如孩子的字写得很潦草，不要打击孩子，对孩子说："孩子，妈妈看你今天写的作业很不清楚，感觉不怎么舒服，你自己看着呢？"

其实孩子毕竟是孩子，再怎么也是"小毛孩儿"一个。我们稍微动点儿心思，他们就不是我们的"对手"了，我们又何必天天和他们拉着架势、剑拔弩张呢？

口气一换，孩子听着顺耳了，心情愉悦了，不仅不抵抗，反而由被动变主动。肯定、感恩、信任、价值……这些非常积极的心理暗示，就会不自觉地转化为孩子的自我要求，有助于形成良好的行为习惯。

少一点"责问评价"，多一点"感觉交流"，换一种口气和孩子说话，孩子就会向着你期望的样子成长。

先批评，后赞美

在生活中，很多家长往往喜欢对孩子做过多的批评，却很少表扬孩子，对孩子的这个看不惯，那个也不满意，批评不断，以致招来孩子的反感，和孩子的关系变得很僵。

其实，喜欢听表扬的话是孩子的一种天性，父母的表扬能够让孩子变得更加自尊、自信、积极向上，从而对生活和学习充满热情。因此，做父母的一定要对孩子多一些表扬和鼓励，少一些批评和指责。这样的教育，效果才会更好。

另外，对孩子无论是批评还是表扬，都要掌握一个度。有些父母要么把孩子捧上了天，要么就把孩子批评的一文不值。这样一冷一热，温差太大，势必会造成孩子心理上的"感冒"。所以，父母对孩子的批评或者表扬，以及感情上的投入，都应该是逐步增加或者减少，任何的忽冷忽热都是不可取的，不然只会留下后遗症。

很多家长在教育孩子的时候，喜欢先表扬孩子，再指出孩子的错误，比如"你做这件事，想法是很好的，但是方法还有待改进。""你今天表现得不错，但是你还可以再努力一些。"等等话语，是许多家长经常用的批评孩子的技巧，但是经过专家的调查结果显示，这样的教育效果并不十分明显，有时候会让孩子觉得模棱两可、无所适从。

有位妈妈最近碰到一件很让她烦恼的事情：她的孩子5岁了，平时孩子犯错误的时候，她总是尽量用鼓励的语气批评孩子，一般都会这样说："你的想法是好的，但是你的方法不对……"可是久而久之她发现，这样的教育并没有任何效果，孩子下一次还是会犯同样的错误。

其实，教育孩子的时候先褒后贬是有缺陷的。孩子比较小的时候，比如说6岁以下的孩子，他的是非判断能力还不是很明确，"但是"这个转折语孩子理解得并不是很清楚，他可能会觉得摸不着头脑，对家长表扬的诚意产生怀疑，同时，又因为家长的要求不清晰，没有明确的指令性，不能引起孩子足够的重视，教育就没有达到必要的效果。比如，当孩子做出比较危险或者伤害别人的行为的时候，家长一定要给孩子明确地指出来，进行批评，让孩子明白其中的利害关系，说得让孩子明白，让孩子下次不会再犯。

4岁的毛毛在上幼儿园，小家伙活泼好动，对任何事情都充满好奇，什么东西都想试试，在幼儿园里，他常常调皮得让老师都感到头疼，简直就是个好奇宝宝。毛毛看到电源的插头就会不自觉地用手去摸，看到爸爸的刮胡刀也会拿在手上把玩，看到妈妈的指甲油也会在手上乱涂，等等。妈妈常常对他很头疼，弄坏东西事小，可万一伤害到他怎么办呢？平时在教育孩子的时候，她总是先褒后贬："宝贝，你真是太聪明了，可是……"刚开始这样的方法还很有效果，受到表扬的毛毛为图表现规矩了不少，但是时间一久，孩子的老毛病就又犯了。

碰到这种情况，家长其实可以借鉴增减效应的方法，先指出孩子的错误，告诉他为什么这样做是不对的，对他提出要求，希望他下次别再犯类似的错误。然后再说出他的优点，指出他做得好的地方，希望他继续保持，再接再厉。孩子的是非观念还不是很明确，需要父母的正确引导，教育孩子的时候，要清清楚楚，让孩子听得明白，有一个明确的参照标准，这样，孩子在以后的生活中，就会避免类似的错误。

一般父母在教育孩子的时候，都喜欢先褒后贬，先把孩子夸奖一遍，再指出孩子的缺点，可有时候，这种办法并不是很奏效。这种方法用久了，孩子对家长的表扬反而会产生怀疑，觉得先前的表扬是有预谋的，对自己所犯错误的认识也就没有那么深刻了。家长先贬后褒，反而更容易让孩子接受，孩子会觉得这样的教育方式更真诚。

第十章
破窗效应：细节决定成败

破窗效应：破鼓万人捶

美国斯坦福大学有一位心理学教授曾做过一项试验：将两辆外形完全相同的汽车停放在相同的环境里，其中一辆车的车窗是打开的，车牌也被摘掉了；另一辆则封闭如常。结果打开车窗的那辆车在三日之内就被人破坏得面目全非，而另一辆车则完好无损。这时候，他在剩下的这辆车的窗户上打了一个洞，只一天时间，车上所有的窗户都被打破，车内的东西也全部丢失。于是他据此提出了"破窗理论"：对于完美的东西，大家都会本能地维护它，不去破坏，自觉地阻止破坏现象；相反，有缺陷或者已被破坏的东西，让它更坏一些也无妨。对随之而来的破坏行为也往往视而不见，任其自生自灭。

也就是说，一件完美的东西，要去维护它，就必须防患于未然。

这件事情是由于窗子被打破而引发的，所以称之为"破窗效应"。在人们的意识中，只要是破的东西就可以任意地去继续破坏，似乎只有好的东西才有保留价值。如果房子的窗子不破，可能就没人会把房子变通道；如果汽车的窗子不破，可能也不会被肢解。破窗效应给我们的启示是：必须及时修好"第一个被打碎的窗户玻璃"。所谓的"防微杜渐"，说的就是这个道理。

其实，孩子的教育问题也可以用到"破窗理论"。破窗，是一种比喻，将每个孩子比作一幢楼房，那么小孩子的一些低层次的小错误或者不良习惯就是那破窗，如孩子随手乱丢垃圾，在公共场合大声喧哗、随地吐痰，做事虎头蛇尾、丢三落四，就犹如一扇扇未被修理的破窗。

例如，孩子在吃饭时，会从原来的坐态变成半卧姿势，这时父母就要马上提醒他，要求他坐好。也许有人会说这样未免有点小题大做，对小孩子没必要这样严格要求。其实不然，吃饭端正坐姿是一件极自然又平常之事，如果发现小孩的一些不良习惯不马上制止、纠正，以孩子还小、不懂事为由，而不以为意，或者报之以所谓宽容的态度，这样对孩子将来的发展是极为不利的。

孩子的坏行为如果没有及时纠正，就会形成坏习惯。随着年龄增长，孩子所犯的小错与不良习惯也会越来越多、越来越大。如果父母及时制止、纠正，孩子就会认为爸爸妈妈连这么小的事情都要管，更何况是一些原则问题。在这样的自我暗示之下，孩子就会严格要求自己，即使不小心犯了一些小的过错，自己不知道的时候，也会有家长及时指正，那么孩子便会朝着正确的方向前行。

著名教育家叶圣陶曾说："教育就是培养习惯"。心理学认为，习惯决定性格，性格决定命运。教育，无论是家庭教育还是学校教育，都是为了培养孩子良好的行为习惯，拒绝恶习。俄国教育家乌申斯基说："良好的习惯乃是人在神经系统中存放的道德资本，这个资本不断地增值，而人在其整个一生中就享受着它的利息。"

也就是说，一个人如果养成好的习惯，是能够受用终身的，就像投资获得的利息一样；相反，坏的习惯如永远也还不清的债务，你总得为之付出代价。在孩子成长过程中，良好的习惯是孩子进步的阶梯。

教育要防微杜渐

生活中，很多失足少年都是因为从小父母对其过分溺爱，对其纵容娇惯。而那些酿成犯罪的大错误，往往就是从当初不被父母重视的小错误开始的。有些错误很残酷，往往毁了孩子的一生。这些教训发人深省，每位家长都应该吸取教训，避免类似的事情发生。

家长平时对自己的孩子要多关注，不要以工作忙为借口就忽视了对孩子的教育。一旦发现孩子出现一些异常的行为举止，做父母的就应当寻根问底，、一旦这些不良的苗头出现，就必须毫不犹豫地予以制止。家长要时时警惕坏思想、坏风气污染孩子的心灵，可以常常给孩子讲先进人物的事迹，为孩子树立好榜样，引导孩子积极向上。在行为上，严格规范孩子的行为，告诉孩子，哪些事情可以做，哪些事情不可以做。

在日常的家庭教育中，父母如果发现孩子在思想或者行为上出现了错误的苗头，就应该立即加以制止，把这些不好的思想行为消灭在萌芽状态。

我国古代的抗倭名将戚继光，在小时候，曾经有一次穿着锦丝编织的鞋子和小伙伴嬉戏玩耍，在院子里疯跑。父亲看到之后，把他叫到身边，皱着眉头教训他："你年纪这么小，就穿着这么好的鞋子，等到你长大以后，你就会想穿更好的衣服、鞋子，吃更好吃的佳肴。如果你当了官，说不定还会贪污受贿，只管满足自己的私欲，不顾百姓的死活。一个人应该从小养成节俭的好习惯。"父亲的一席话，令戚继光面红耳赤，也给他敲了一记警钟，自己在任何时候，都不能忘记节俭戒奢。后来，戚继光走上仕途，他一生不畏艰难困苦、在战斗中身先士卒，出生入死，为国家和人民鞠躬尽瘁，屡立战功，成为我国著名的抗倭爱国将领，彪炳史册，光耀千秋。

刘备也曾经在《三国志·蜀书·先主传》留下一句千古名言："勿以恶小而为之，勿以善小而不为。"意思就是说，你不要以为是小的坏事就可以去做，也不要以为是小的好事就可以不去做。教育孩子正是要从微小的事情做起。当今社会很复杂，电视、电脑、报纸杂志，孩子接触到的东西五花八门。而孩子辨别是非的能力、抵御诱惑的能力都比较弱，在不良风气的影响下，很容易误入歧途。作为父母，面对孩子一些错误的思想和行为，不能视而不见，也不能任其发展，应该当机立断。如果一旦让坏人坏事有机可乘，使小错误在孩子身上种下祸根，那后果就不堪设想了。

或许有些父母会认为自己的孩子犯点小错误是在所难免的，无足轻重，不需要小题大做长大了自然会懂事的。岂不知，长此以往，小错误就会渐渐铸成大错。一旦孩子触犯刑律，沦为罪人，那时候再后悔就晚了，也于事无补了。

教育孩子要从小事做起，在生活和学习中，及时克服和纠正孩子的小缺点、小错误。在思想上给孩子筑起一道坚固的长城，帮助孩子抵御社会中形形色色的错误思想和行为的侵袭。

别让坏毛病"跑"起来

会开车的家长都有这样的经验：车子停下来时，为了防止溜车，司机会在车轮下塞一块石头，这叫"打掩儿"。

车没有跑起来时，一块石头就能帮你挡住一辆车，如果车跑起来，而且跑得很快，一棵树都能被它撞断，再想拦住它就不容易了。"习惯"也是同样的道理，坏习惯还没养成，防范很容易，坏习惯一旦养成，再想改就很不容易了。因此，家长要做到，防范孩子养成坏习惯，在孩子的一些坏毛病刚露出苗头，还没"跑"起来的时候，家长应该及时"用块石头"挡住它。

那么，如何才能防止孩子出现不良的行为习惯呢？专家认为，要防止孩子形成不良的行为，家长需要为孩子制定一些基本的规则。以下是防止孩子出现不良行为的 7 个步骤：

1. 设定简单明了的规矩

你可以这样想：如果你把话说死，不留下重新解释的空间，就可以避免以后的争论。好好琢磨琢磨下面两句话的区别："哦，好吧，你可以吃一块饼干。"（这给你的孩子留下了无穷的希望，也许要第二块也没问题哦！）和"你可以吃一块饼干，不过，不能再要第二块。就这样。"

2. 不管怎样都要坚持这些规矩

规矩就是规矩。我们都有过这样的时候：我们对孩子说不能再吃第二块饼干，可是之后又会劝告自己其实没必要这么苛刻。这里的窍门是眼光要放长远。也许这一次吃第二块饼干确实没什么问题，可是你真的想要每次你设定了一个规矩之后就来反悔吗？如果你第一次反悔，可能以后都会反悔。

3. 不要对孩子的乞求让步

很多时候，家长容易心软。孩子稍微露出可怜的模样，家长就会"缴械投降"，家长的这种做法让孩子意识到乞求这招儿好使，以后他要违反规矩的话，他自然会想到这一招。这无疑是帮孩子助长他的坏毛病。

4. 让你的孩子说服你

如果你的孩子想要某样东西，而你还没想好要不要随他，那就让他给出充分的理由来吧。他想看喜欢的电视节目，如果他说他的作业都做完了，钢琴也练完了，你就完全可以放心地答应他嘛。

5. 要求孩子做完家务活儿以后才可以玩

什么家务活儿都不会干，对你的孩子来说没有一点儿好处。有研究表明，能把家务做好并有责任感，有助于孩子具备应对挫折的能力。

6. 不要害怕让孩子失望

我们都不愿意看到自己的孩子伤心难过，不过，有句话说得好："你不可能总是想要什么，就能得到什么。"而且也有研究表明：学会接受失望，会让你的孩子受益匪浅，他在今后的人生中会更懂得如何应对心理压力。

7. 让孩子为自己想要的东西努力争取

很多专家都认为，如果想要的东西得到太容易，孩子们就会被宠坏，因为这会让他们认为自己得到的一切都是应该的。如果你的孩子想要一辆新自行车，你就可以建立一套表现好的奖励机制，让他自己一点儿一点儿地挣。

总之，孩子的坏毛病还没养成时，是可以防范的。只要家长注意自己的教育方法，给予孩子正确的教育，就能收到意想不到的成效。

有"毛病"要立即纠正

当你发现自己的孩子身上居然存在很多说大不大、说小不小的"毛病"，你会怎么办呢？是摇头、叹息、听之任之、迁就姑息？还是发怒、打骂、强令改正呢？事实证明，以上的两种教育方式非但不能让孩子的坏毛病得到有效的遏制，还可能让孩子形成其他坏毛病。正确的方法是，认认真真思考孩子坏毛病形成的原因和动机，然后采用相应的方法，轻轻松松地处理孩子的"坏毛病"。

乌申斯基说："神经体不仅可以有天赋的反射，而且在活动的影响下也有掌握新的反射的能力。"经过教育，经过培养，人是可以形成新的习惯、新的反射的。我们完全可以通过训练来矫正孩子们的不良行为。以下是纠正孩子不良行为的具体方法：

1. 要善于发现

很多家长在孩子的坏习惯已经形成很久了还浑然不觉。因此，要想有效地将孩子的坏习惯遏制在萌芽状态，家长应有一双善于发现的眼睛。例如，孩子第一次因为家长不给买他喜欢的东西哭泣时，家长不要为了孩子不哭，就满足他。应该知道，这是孩子形成任性坏习惯的端倪。这时候，家长可以采用不搭理的方式教育孩子。等到孩子的情绪趋于平静以后，再给孩子讲道理。

2. 重视孩子的第一次"体验"

习惯的养成往往是从第一次开始的，家长应重视并抓住这每一个"第一次"的教育时机，这是防范不良习惯，养成良好习惯的开端。

有一位母亲这样谈道：

记得女儿在 3 岁时，有一次吃饭，她第一次将自己最愿意吃的菜拖到自己的身边，害怕别人吃，我批评她时，她甩掉筷子赌气不吃饭了。我就狠下心，不但不哄她吃饭，反而将菜全部吃掉，将她冷落在一边不管，过了一会儿，她见我不理她，反而主动跟我说："妈妈，对不起，我再也不敢了。"这时，我才跟她说："这样做没礼貌，不是个听话的好孩子。"然后重新炒了菜让她吃。

有了这"第一次"经验，孩子显得比其他的孩子懂事、有礼貌多了，有好吃的东西，总会自觉地说："好东西我们一起吃！"

这就是第一次的重要性。因为有了第一次，才会有第二次、第三次……坏的习惯一旦养成，以后再改就比较费时费事了。

3. 要"及时"，不可错过时机

对孩子的引导和教育要适时，一般情况下，可在坏习惯出现后立即进行。例如，孩子不洗手就吃食物，一旦发现，马上就应该教育他。可一边给他讲病从口入的故事，一边督促其洗手。如果下次吃食物时孩子先洗手了，就及时地表扬他。

4. 用递减法减去孩子的不良行为

有一个妈妈，她的儿子上五年级，写作业磨磨蹭蹭。在心理学专家的指导下，妈妈开始采取习惯培养的措施。

有一天，妈妈经过观察发现儿子写 10 分钟的作业就会站起来，一会儿打开冰箱看看有什么好吃的，一会儿打开电视看看动画片开始了没有，一会儿又在屋子里转两圈。这样写作业能不磨蹭吗？

妈妈对儿子说："你是一个很聪明的孩子，但是我刚才给你数了数，一个小时你站起来了 7 次，这是不是太多了。我看你写一个小时的作业站起来 3 回就差不多了吧。"儿子一愣，想不到妈妈挺宽容的。

妈妈继续说，"你如果一个小时内站起来不超过 3 回，当天晚上的动画片随便看。"儿子听了高兴得不得了。妈妈又说，"先别开心，有奖必有罚。如果你写作业一小时站起来超过了 3 回。当天晚上的电视就不能看，包括动画片。"

于是，母子俩达成了协议。

5 天下来，儿子有 3 天做到写作业一小时站起来不超过 3 回，于是兴高采烈地看了动画片。但是有两天忘了，没做到，一到了 6 点钟就急，因为不能看动画片，儿子怎么央求妈妈都不让看。

在妈妈的严格训练下，孩子终于慢慢养成了自我控制的能力和写作业专心的习惯。其实，对于孩子来说，真正的教育是自我教育，真正的控制是自我控制。孩子唯有养成自我控制的习惯，才能改掉自身的坏毛病。

5. 冷静地与孩子沟通

如果孩子表现出某种不良行为的话，大人尽量不要大动肝火，要用平静、爱护的口气与孩子对话，每次在和孩子说话前做一次深呼吸，尽量让自己保持冷静。这样，孩子才能在感情上与父母接轨互相沟通。如果父母居高临下，盛气凌人，甚至大动肝火，怒气冲冲，孩子就会在感情上敬而远之，惧而畏之。这不但不利于大人了解孩子坏习惯养成的原因与动机，也不利于教育措施的实施与实施后的效果。

6. 当场纠正孩子的错误行为，落实协议

即使孩子的不良行为依然没有改正的迹象，也要把你和孩子之间达成的协议坚持完成。你必须保持协议的一致连贯性，而且要做到言出必行，这样孩子就会明白你是认真的。一旦孩子出现不恰当的行为，你就应该马上加以纠正。

7. 不可要求太高

纠正孩子已养成的坏习惯，家长的要求不能太高，要切合实际，要有耐心，不要指望孩子在一个短时期内发生奇迹般的转变。只要孩子每次都有一些改正就可以了，也可能以前的坏习惯重复出现，但这是正常的，要宽容和理解孩子，不必操之过急，只要引导和教育方法得当，持之以恒，就一定会取得良好的成效。

8. 不可有成见

孩子有了坏习惯，即使是"屡教屡犯"，大人也不能抱有成见，感到孩子乃"孺子不可教也"。因为这种态度，会伤害孩子的自尊心，会从反面强化孩子形成坏习惯的动机。这就不仅不利于纠正孩子的坏习惯，也不利于孩子其他方面的发展和成长。

9. 务必做到公平

教育的目标不是要把孩子表现出的每个小问题都演变成一场世界大战，因此要把握尺度，力争在对孩子的养育过程中做到严格与公平共存。当孩子的行为与你制定的规矩相冲突的时候，一定要调查清楚事情的来龙去脉。在解决你和孩子的争端时，以下列出的几个方法或许会对你有所帮助：

第一，折中。"这个时候你本该去做家庭作业，但是我看你现在专注于练习运球，你同意半小时后去做作业吗？"请记住，不要让孩子影响你的判断，不要做出你认为不公平或不合适的让步。

第二，让孩子进行选择。"今天你要把家务活做完。你想在晚饭前做完还是等吃完晚饭再做呢？"

第三，共同解决问题。首先你要搞清楚你和孩子是否有可能达成双方都赞同的协议。这就意味着你需要适当改变一下你为孩子制定的行为规范以使你和孩子都能接受。

第四，让步。如果孩子出现的行为问题是微不足道的琐碎小事，那么你可以同意孩子的要求，但是要确保孩子能给出一个充分的理由。同时你也要向孩子解释清楚这次通融的原因。此外，不管什么时候如果你犯错的话，一定要做出让步，并且要向孩子承认错误。

10. 为孩子的努力而感到自豪

在改变孩子的行为时，请不要忽视那些最简单，但往往也是最有效的方式。比如，"你刚才和我说话时表现出了对我的尊重，我喜欢这种说话方式"。要知道改变对于每个人来说都是非常困难的，尤其对于孩子而言。因此你要适时肯定、赞赏孩子付出的努力，表扬孩子的每次进步。

别忽视孩子贪小便宜的毛病

小皮皮是个顽皮的小男孩，今年刚刚 5 岁，他有个最大的毛病，就是喜欢贪小便宜。与小朋友一起玩的时候，他总想把小伙伴的东西占为己有，而妈妈带他去商场玩时，他总是喜欢什么都抓在手里不放。商场里那些食品，如花生、果仁等，他也会像模像样地放到自己的嘴巴里慢慢咀嚼，老半天不舍得走开。更搞笑的是，有一次妈妈和奶奶带小皮皮一起去买水果，买完水果以后，小皮皮居然从橘子堆上拿了一个特别大的橘子转身就跑，卖橘子的气得直瞪眼，而小皮皮的奶奶则不以为然地说："算了，你看我们买了那么多，小孩子拿一个就算了吧……"小皮皮的妈妈一直在为如何改掉他这个坏习惯而发愁。

现在的孩子，大多数家庭条件优越，按理说不会出现"贪小便宜"的习惯，可是，小皮皮小小年纪怎么就如此贪小便宜呢？专家认为，造成孩子喜欢贪小便宜的原因是多方面的。

1. 孩子的认知度差

当孩子比较小的时候，他分不清楚哪些东西是自己的，哪些东西不是自己的，因此就会把别人的东西带回家，久而久之就养成了贪小便宜的习惯。

2. 教育方式不当

孩子不是天生就有"贪小便宜"的潜质，而是后天演变的。这与孩子的成长环境与家长的教育是分不开的。比如，日常生活中，一些家长，特别是老人会有一些贪小便宜的做法，比如，小皮皮的奶奶，就对小皮皮贪小便宜的行为不以为然"我们都买了那么多东西了，小孩子拿一个就算了。"而小皮皮看在眼里，记在心里。慢慢地就形成了习惯。

3. 家长不能为他提供所需要的东西

一些家庭条件不太好的孩子，因为家长不能给他提供他所需要的东西，为了得到这件东西，一些孩子就会通过某些不恰当的方式把这些东西占为己有。

贪小便宜是一种不良的习惯，是犯大错误的开始，所以必须引起重视。孩子的可塑性大，一旦发现孩子有贪小便宜的坏毛病，家长一定要给予正确的教育，规范孩子的行为，让孩子养成良好的品行。

那么，如何才能纠正孩子贪小便宜的毛病呢？

一是针对"行为"进行教育。

对于孩子贪小便宜的行为，家长应该防微杜渐，针对其中某一次进行认真教育。

小明今年念大班，他带去的铅笔经常丢。于是，妈妈常常对他说要保管好，不要乱丢，太浪费。

有一天，妈妈接小明回家的时候，小明得意扬扬地抓着他的笔盒过来对妈妈说："妈妈，我有一个办法，不会浪费铅笔。"接下来，他告诉妈妈：班上的小朋友每天把铅笔丢在地上都不捡，他可以捡那些铅笔放到笔盒里用。

小明的妈妈一听这话，血猛的一下往脑门上窜，但她很快就冷静了下来，轻轻地问小明："那这些笔是你的吗？？"

"不是，别人丢的，他们都不要了。"

妈妈反问小明："别人的东西，我们能要吗？"

孩子一听，马上低下头来，他知道自己做错了，因为妈妈平时教育他别人的东西不能随便要。

这时候妈妈蹲下来抱着孩子说："我们家抽屉里有很多铅笔的，你没有笔了，可以去拿新的用，妈妈告诉你不要浪费不是去拿别人的东西，即使是别人不要的，我们也不能捡回来，明天我们把它返回到老师装铅笔的盘子里，好吗？"小明高兴地点点头，并告诉妈妈这是同桌的女生教他这么做的。

妈妈赶紧告诉他，不能别人教你做什么就跟着做，万一是做不好的事呢？自己要动脑子想想这件事能不能做。从此，再也没有这种事情发生了。

可以说，小明的妈妈教育孩子不要贪小便宜的方法非常奏效，她没有批评孩子，但是纠正了孩子的行为，让孩子认识到了贪小便宜是不好的行为，认识到遇到事情要懂得自己分析对还是不对，不对就不能做。

俗话说，"小的不补大了需要一丈五"。意思是说有了小的错误不及时纠正，错误严重了再改就难了。如果孩子有占小便宜的毛病而不能及时纠正，大了就会犯大错误，贻误终身。

二是让孩子分清"彼此"。

平时家长应该找机会与孩子正式地讨论他人与自己的东西方面的问题：不动别人的东西是我们所生存社会的公共准则，大伙儿都必须遵守。让孩子从小就知道这种行为是被人所唾弃的，生活中没有比拿不属于自己的东西更可耻的行为了。

三是正面教育，及时处理。

家长发现孩子有占小便宜的毛病，要严格要求，及时处理，不要发火或粗暴地打骂，要与老师取得联系，共同教育。发现孩子书包里有别人的东西要问明来历，妥善处理。如果是捡的东西一定要让孩子交公，对这样做了的孩子要表扬鼓励。

四是家长要以身作则。

家长要以身作则，严于律己。日常生活中，家长要做到时时注意自己的言谈举止，处处给孩子做出榜样。这样，对孩子的引导才有说服力。不然，自己都爱贪小便宜了，如何能让孩子服从你的教育？

五是适当地惩罚孩子。

当孩子犯了错误以后，家长要找个适当的机会给孩子以教育。

例如，故事中小皮皮的妈妈就借孩子随便拿别人橘子的行为，给了小皮皮一次深刻的教训：

那天，孩子拿完橘子以后，要求妈妈帮他剥皮，"拿走，妈妈不给你剥，这个橘子是你拿别人的，妈妈不帮你剥"。小皮皮要跟妈妈一起玩游戏，妈妈不理他，并告诉他："我不跟随便拿人家东西的坏孩子玩。"小皮皮很委屈，伤心地哭了起来。他向妈妈认了错，并告诉妈妈："妈妈，我以后再也不随便拿人家东西了。"

从此以后，小皮皮的妈妈发现，在这方面，孩子真的收敛了许多。

别让"偷"变成习惯

孩子渐渐长大了，接触的事情越来越多，心眼儿也渐渐多了起来，有的孩子会出现偷拿别人的东西的现象。虽然说孩子偷东西和以偷谋生、以偷为职业的"偷"不可相提并论，但可以肯定地说，孩子"偷"的现象如果不加以矫正，很可能就会发展成很严重的问题。

孩子的"偷"往往集中在"物"和"钱"两个方面，而他们大多又有下列表现：

1. 分不清"偷"与拿的不同

一些孩子不知道"偷"的本质含义，认为随便拿可能不是错误的，尤其是管理不严的家庭，常常有物品被孩子随便拿出来，最后发现"盗主"就是孩子。这种行为还会发生在随便拿人家的东西上。常有这样的情况发生，父母带孩子去朋友家玩，回来后发现，几岁的孩子居然怀揣朋友家的玩具回了家。这种现象在年级小的孩子中经常见到。

2. 因为爱不释手，所以就"偷"

在学校的集体生活中，众多孩子在一起学习和玩耍时，看到别人的物品自己特别喜欢时，有的孩子就会忍不住拿来看看，看来看去就会爱不释手，然后揣进自己的口袋。

3. 需求没有得到满足，就"偷"

一些孩子要求妈妈给他买某些东西，如果妈妈不买，他就可能出现"偷"的行为，如偷家里的钱，或者是同学正好有自己喜欢的东西，于是就偷回家里。

4. 为了满足好奇心而"偷"

有时候孩子偷的行为是在好奇心的驱使下完成的。例如，曾发生过这样的事情，几个小朋友在外玩耍，最后互相讲起谁家中有什么东西，于是约定每人回家偷拿一样东西出来，这实际是好奇产生的结果。

当家长发现孩子"偷窃"的行为时候，不要生气，也不能急着让孩子给人家赔礼道歉承认错误。孩子年幼，道德意识还没有发展出来，因此不太懂得道理。而孩子一旦到了青春期有了羞耻之心，就会爆发出来，再加上其他同学的指指点点和嘲笑，会让孩子无法抬头做人。正确的做法应该是：

首先，当第一次发现孩子有偷拿东西的行为时，父母应及时向孩子摆事实、讲道理，提出今后的要求，千万不能粗鲁地打骂。

其次，当孩子经过批评仍有偷拿东西的行为时，这时应引起家长的警惕，加强启发教育的作用。特别是要注意发现孩子行为的闪光点，循循善诱、因势利导。

孩子偷拿东西在年龄小时是无意识行为，但到上学之后，就会发展成有意识的的行为。因此，家长应尽可能在早期帮助孩子形成"所有权"的概念：借别人的东西一定要先向人家打招呼，并得到允许；即使是拿家长的东西也要向家长打招呼。当孩子不这样做时，就应让他尝尝"拿别人东西的感觉"，发现这类事情后，要严肃地告诉他"这是不好的行为"，并带着他把东西还给主人，并向主人道歉。同时应给予惩罚，如不给孩子买爱吃的零食，不给零用钱等。

需要注意的是，在纠正孩子的错误行为时，要注意维护孩子的自尊心。告诉孩子这种行为改正不再犯，是可以原谅的，如果重犯就要受到严厉的惩罚。批评和惩罚都是针对孩子行为的，而不是他的人格，所以不能让大家瞧不起他，这就需要父母科学而有分寸地来帮助孩子克服不良行为和习惯。

此外，家长要定期给孩子固定的零花钱，让孩子自己买自己喜欢的东西，不要干涉，让孩子养成支配自己的财产的意识。

对孩子管教要严格，但是我们不提倡粗暴的辱骂或体罚。如果只是一味地动粗，或者限制他的一切行动，冷落、厌弃他，不去细致地了解他产生偷窃行为的内在原因，那么，他也会采取另外的不良行为，如离家出走、欺侮别的孩子等。有时严厉惩罚可能会使孩子的偷窃行为消失，但引起偷窃行为的某种因素仍然存在，孩子就可能产生别的行为问题。

投机取巧的习惯要不得

每个人都很容易要一些自以为是的小聪明，孩子也不例外。

小璐是小学四年级的学生，成绩中等。爸爸妈妈工作忙，没有时间照顾他的学习，"家校联络本"也是看都没有看就直接签名。时间久了，小璐产生了投机的心理。比如，有一次听写，因为晚上回家没有复习功课，她的听写考了30分，她不敢给妈妈签名，就把30分改成了80分，她想，反正妈妈也不会注意到。果然，妈妈看都没有看就签名了。以后，小璐屡试不爽，觉得自己实在太聪明了。

后来，她想，班上那么多作业，老师怎么可能一份作业一份作业认认真真看过去呢？于是，每次做写字作业的时候，她都会有意无意漏写一点，数学题不想算，她就随便写个答案，反正有写答案就不会受到处罚。而写错答案的，等老师发回来以后，再借别人的答案抄一下不就得了。为此，小璐的学习别说多轻松了，而她的成绩也是一路下滑。

生活中像小璐这样喜欢耍小聪明，做事爱投机取巧的孩子并不鲜见。好逸恶劳是人的劣根性，谁都希望不劳而获，或者少劳而获。但是现实生活中，这是不可能实现的，因为我们都知道，农夫只有在春耕的时候努力播种，在秋天的时候才能愉快收割，付出与收获永远平衡，这是大自然给我们的指导。而我们也很清楚，成功需要非常努力付出的，尤其在这个竞争日益激烈的社会里，稍微不留神、稍微怠惰，就要被这个世界淘汰了，更何况是什么都不做，只想要等着收成呢？

因此，家长应纠正孩子投机取巧的心理。那么，怎样改变孩子投机取巧的心理呢？

1. 适度怀疑

不是要你不信任自己的孩子，但是一个真正负责的家长在看到平时功课疏懒的孩子成绩突进时，是不会盲目沾沾自喜的，最好私下向老师或者他（她）的同学了解情况。

2. 鼓励原则

看到孩子的成绩时，无论多糟糕，你最好还是尽量克制自己的情绪，哪怕只是沉默。告诉他（她）："虽然没有考好，但是你没有因为要一个及格分数作弊，我很高兴，我为你骄傲。那么现在来谈谈这次考试……"接下来的分析原因还是必不可少的。

3. 委婉的批评

平时生活中对孩子贪小利而存侥幸心理要及时提出批评，当然最好采取一种委婉的方式。例如："我觉得很可惜，这次你的作文又不是自己写出来的，我还以为你会把我们去旅游的事写给你的同学们看呢！我觉得你一直写得不错呀！"

4. 明确的态度

告诉孩子："你这样做，我觉得很失望，也很伤心。"

5. 树立正确的价值观

告诉孩子，一分辛苦，一分收获，自己的每一分付出，都一定会有收获。虽然有些收获必须等待时间，但只要付出了，就不怕任何挑战。

香港实业家霍英东在谈到他自己成功的秘诀时说："刻苦耐劳占了95％。"他小时候做过加煤工、搬运工，当过船上的铆钉工、实验室的制糖工。他既非建筑行业的工程师，又不是原房地产业中的商人，完全是半路出家，但却很快成为香港房地产业的巨子，原因何在？靠的就是刻苦耐劳的精神。

小孩子容易崇拜英雄人物，家长们可以推荐一些人物传记给他们看，让他们从具体事例中认识到通过艰苦的劳动才能获得成功的道理。

6. 让孩子明白投机取巧并不能长久

家长可以告诉孩子，这个世界上确实有人因为投机取巧，再加上一时幸运而暂时得到了好处。但投机取巧只能靠一时运气，并不能让一个人永远地安乐无虞，而且很可能等到大环境不佳，谁都没有运气的时候，后果就会难以想象了。因此，要想无论在什么环境，都有实力好好活下去，就不要投机取巧，对于自己该做的事情、该学习的东西，不能松懈，不要做着不读书也能考高分的白日梦。

总之，家长应该让孩子明白，投机取巧是做人的大忌，因为没有人可以不劳而获。我们因为投机取巧而暂时得到的好处，在未来会成为负担。

纠正孩子爱嫉妒的毛病

当今社会的竞争日益激烈，适者生存的观念日渐深入人心，为了将来在竞争中立于不败之地，许多家长在孩子很小的时候就刻意培养他们的"好胜心"和"竞争意识"。

过强"好胜心"与"竞争意识"也催生了一系列的教育问题与社会问题。因为要"竞争"、要"取胜"，我们的孩子学会了嫉妒，更学会了"不择手段"。

孙勤勤是小学六年级的学生，她的学习成绩非常好，活动也非常积极，一直当班长，年年都是市"三好生"。但是这一年，市"三好生"被另一位同学当了，因为这位同学患了白血病，大家都推举她。没有当上市"三好生"的孙勤勤，对得白血病的同学耿耿于怀，对着爸爸妈妈又哭又闹，在妈妈的安慰下方才停止了哭泣。可是，接下来她说的一句话让她的爸爸妈妈有些吃惊："让她当好了，白血病，反正也活不了几天！"她语气中的嫉恨让她的爸爸妈妈也觉得不寒而栗：自己的女儿是不是着了魔，她对市"三好生"的渴望已经超过了对同学最起码的同情。

事实上，不仅是在这一件事上，在平时，她也处处想争第一，把每一个同学都当作对手。如果没有经历这一件事情，她的爸爸妈妈还在为自己孩子的"上进心"感到高兴，可经过这件事后，她的父母才明白正是因为自己平日过于注重竞争教育，才导致孩子变得善嫉妒，变得心理有些扭曲了，这些，家长要负全责。

其实，适当的竞争当然是好的，它能激发一个人的上进心，让人变得有斗志。但过度了，就可能影响到健康人格的形成，这就很可悲了。

首先，爱嫉妒会影响个人的情绪。嫉妒心理会使人产生诸如愤怒、悲伤、抑郁等消极情绪，导致烦恼丛生，并忍受精神的折磨，这不利于身心健康。严重者甚至在妒火中烧时丧失理智，诽谤、攻击、造谣中伤他人，而不能腾出足够的时间来提高自己，并因此会陷入一种恶性循环中而不可自拔。

其次，爱嫉妒的孩子容易引起偏见。嫉妒心理在某种程度上是与偏见相伴而生、相伴而长的。嫉妒有多深，偏见也就有多大。有嫉妒心理者容易片面地看问题。因此会把现象看作本质，并根据自己的主观判断猜测他人。而当客观地摆出事实真相时，嫉妒者也能感到自己的片面、偏激或是误会。

最后，爱嫉妒影响人际交往。嫉妒心理是人际交往中的心理障碍，它会限制人的交往范围。嫉妒心理强烈的学生一般不会选择能力等各方面比自己优秀的同伴交往。更有甚者，诽谤、诋毁自己身边优秀的同学。另外，它会压抑人的交往热情。交往时总有所保留，不情愿真诚相待。妒忌心理重者，甚至能反友为敌。他们一般不能忍受朋友超过自己，并怀恨在心，展开暗中攻击。

要帮助孩子消除这种不良的心理，家长必须帮助孩子正确认识自我、减少虚荣心、不要以自我为中心、学会接纳他人、学会理解他人、学会公平竞争等。具体地说，应做到以下几个方面：

1. 让孩子学会正确认识自己

要让孩子摆正自己与别人的位置，世界上没有十全十美的人，每个人都有自己的长处和短处，自己在某一方面超过别人，别人又在另一方面胜过自己，这些都是常见的现象。让孩子正确地评价自己，从而找到与他人的差距，扬长避短，开拓自己的潜能。

值得注意的是，有嫉妒心的孩子往往有某方面出众的才干，争强好胜却又自私狭隘。家长可以充分利用其争强好胜的特点，激发孩子的竞争意识和自强观念。与孩子一起进行自我分析，帮他找出自己的优缺点和赶超对方的方法。

2. 父母不要溺爱孩子

溺爱是滋生嫉妒的温床。在日常生活中，父母应经常表现出对别人的宽容大度，这样，孩子在潜移默化中，就会学到如何正确对待比自己更成功的人，使个性朝着健康的方向发展。

3. 培养孩子宽容的品质

有嫉妒心理的孩子，往往有自身的性格弱点。例如，与人交往时，喜欢做核心人物；当不能成为社交中心时，就会发脾气；同时，他们不会感谢人，易受外界影响等。对有性格弱点的孩子，父母要悉心引导。在孩子面前，要对获得成功的人多加赞美，并鼓励孩子虚心学习他人长处，积极支持孩子通过自己的努力去超越别人、战胜自己，使孩子的嫉妒心理得到正当的发泄。

孩子学会了事事处处接纳他人、理解他人、信任他人，不仅会发现他人的许多优点，而且也会容忍他人的某些不当之处，求大同存小异。这样，孩子的人际关系就会变得融洽和谐。让孩子懂得"金无足赤，人无完人"，每个人都有自己的长处，也有自己的不足。帮助孩子形成正确的自我认识能让孩子认识到自己的优点和不足，变得不再嫉妒。

4. 教育孩子承认差异，奋进努力

现实中的人必然是有差异的，不是表现在这方面，就是表现在那方面。一个人承认差异就是承认现实，要使自己在某方面好起来，只有靠自己奋进努力，嫉妒于事无补，而且会影响自己的奋斗精神。

除此之外，父母还可以让孩子充实自己的生活。因为嫉妒往往会消磨孩子的时间，如果孩子学习、生活的节奏很紧张，生活过得很充实、很有意义，孩子就不会把注意力局限在嫉妒他人身上。父母应该帮助孩子充实生活，让孩子多参加一些有意义的活动，转移孩子的注意力，使孩子把精力放在学习和其他有意义的事情上。

让孩子远离虚荣的旋涡

萧蔷是个漂亮的小女生，圆圆的大眼睛，笑起来还有一对可爱的小酒窝，可讨人喜欢了。叔叔阿姨们看到萧蔷，都不禁想捏一捏她粉嫩的脸蛋。慢慢地，萧蔷越来越喜欢听别人的赞美了。只要听到其他孩子受到表扬，萧蔷就老不高兴了！她觉得只有她一个人才配得到别人的表扬。

在学校里，萧蔷总喜欢出风头，抢着发言，抢着做好事。只要老师笑眯眯地摸着她的小脑袋，夸奖她真乖，美美就高兴得什么都忘记了！除此以外，萧蔷还喜欢穿漂亮的新衣服，衣服稍微旧一点，她就觉得穿出去不漂亮，很丢脸……

像萧蔷这样的行为方式就是虚荣的一种表现。事实上，每个人都或多或少地有点儿虚荣心，这是正常的，因为大多数人都渴望自己被人尊重，被人敬仰，都希望自己能做得更好、更理想。恰到好处的虚荣心能够激发一个人的潜能，使其得到更好的发展，但是，如果虚荣心太重，就会影响心理健康，影响人的正常学习和生活。聪明、好强的金鑫就深受其害——

金鑫今年上初中一年级，从小到大，她都是班里的佼佼者，学习成绩没得说，在市里举办的各类竞赛中还频频获奖。为此，同学羡慕她，让老师喜欢她，同一个小区的很多爸爸妈妈也都认识她，让自己的孩子以她为榜样。可是，这么一个从小在荣誉与掌声中成长起来的孩子，最近却一蹶不振了。先是在市里举行的中学生作文竞赛中没有取得名次，后来又在一次期末考试中跌出三甲之外。尽管爸爸妈妈安慰她"胜败乃兵家常事"，但金鑫依然难以接受如此"残酷"的事实。她开始怀疑自己的能力，甚至拒绝参加各种比赛……

老师问其原因，金鑫的回答是，觉得很丢脸，很没面子，怕比赛再次失败让同学嘲笑，老师和家长失望。

人人都有自尊的需要，都希望自己能在社会生活的群体中得到别人的尊重和赞赏，从而产生对个人的声誉、名望、威信的强烈需求。金鑫也不例外，但因为她的自尊心过强，过于好胜、虚荣，导致其很难从失败的阴影中摆脱出来，从而变得一蹶不振。所以有人说，虚荣心是一种扭曲了的自尊心，如果孩子沾染上"过于虚荣"的毛病，对其有害无益。因此，家长发现自己的孩子有过于虚荣的毛病，就应该及时采取相应的对策对他们进行教育和开导。

虚荣心强的人，会因为一个羡慕的眼神神舒心悦；会因为一句大而无当的恭维眉开眼笑；还会因为一句言过其实的赞誉沾沾自喜，更会因为一个毫无实质意义的头衔引以为荣……

虚荣心强的人以追求个人荣誉为奋斗目标，为了"出人头地"，可以置社会道德规则和规范于不顾，违背社会道德，窃取他人的劳动成果等。他并不能从与他人的交往中获取愉悦和帮助，反而时常和他的邻居、同事、好友，甚至亲人发生冲突。这种人一旦得到荣誉，就会表现出骄傲自满的情绪，趾高气扬、独断独行，听不得周围同行或朋友的意见。这些人在得不到虚荣的甘霖滋润时，便会想方设法谋取自己的荣耀。不少罪犯，便是在虚荣心驱使下，走上了犯罪道路。更有一些人喜欢盲目攀比富人，最终使自己的生活陷入窘境。

一般来说，孩子过强的虚荣心往往表现在以下几个方面：

第一，对自己的能力、水平估计过高，常常在别人面前炫耀自己的特长和成绩。听到表扬就得意忘形，而对于批评则不以为然、拒不接受。

第二，常在同学和伙伴面前夸耀自己父母的地位或者家境的富足，以凸显出自己的优越感。

第三，不懂装懂，喜欢班门弄斧，自以为是，如果别人指出了他的错误，就恼羞成怒，拼命要把方的说成圆的。

第四，讲阔气赶时髦，特别注重穿着打扮，不关心衣服是否适合自己的体貌，只关心衣服是不是名牌。

第五，对别人的才能从不称赞，反而鸡蛋里挑骨头，说长道短，搬弄是非。

对于孩子过于虚荣的心理，家长应给予正确的引导，采取必要的方法加以纠正。建议做到：

1. 榜样示范

父母是孩子的第一任老师，一言一行都会影响到孩子，因此，父母应加强自身修养，以身作则，不卑不亢，给孩子树立一个好榜样。

2. 教会孩子客观评价自己

虚荣心太重的孩子要么过于自负，要么过于自卑，总是不能客观地正视自己。所以，您要教会孩子别欺骗自己，正确对待自己的缺陷，同时又要看到自己的优点。

3．高要求

如果孩子做事总比别人做得快、做得好，就要交给他有一定难度的任务，使他感到自己能力不足，需要别人的指导和帮助。进行受挫折训练，教孩子学会调节情绪，经受失败的考验是很有必要的。

4．正确评价孩子

家长不能过分夸大自己孩子的优点，也不要掩盖孩子的缺点，对那些符合道德规范的行为，家长应给予适度的表扬。对于孩子的缺点要及时指出，帮助分析原因，并鼓励他逐渐克服。

5．帮助孩子树立一个正确的荣誉感

虚荣的一种表现就是沽名钓誉，喜欢追求表面上的东西。家长要帮助孩子正确认识自己，告诉孩子，对荣誉、地位、得失、面子要持有一种正确的认识和态度。一个人应该有一定的荣誉感，但面子"不可没有，也不能强求"，如果"打肿脸充胖子"，过分追求荣誉，显示自己，把华而不实的东西作为追求的目标，就会使自己的人格扭曲。

另外，不管经济条件如何，家长都不能放纵孩子的消费欲，应有目的、有计划地加以引导，逐步纠正孩子追求穿戴、羡慕虚荣的坏习惯。

不要忽视孩子的礼貌问题

人际交往中，知书达礼的人总是比较受欢迎。教育孩子从小讲礼貌，对孩子以后的人际交往有着至关重要的作用。如果父母不注

重对孩子的礼貌教育，那么孩子就容易变得淘气、莽撞，成为不讲礼貌的"坏孩子"。

在生活中，家长要教孩子懂礼貌。记得告诉孩子：在收到他人礼物的时候，要记得对别人说谢谢；在别人家做客的时候，不要乱翻人家的东西，也不能随便跟人家要东西吃；做了对不起别人的事，要真诚地道歉；在别人家做客，离开的时候要跟主人告别，等等。通过生活的点点滴滴，给孩子以教育。孩子很注重父母以及他人对自己的评价，更注重自己和他人之间的关系问题，所以，父母对孩子进行严格的约束和管制，往往能取得很好的效果。

其实，父母在教育孩子的时候，可以采取一种最直接的办法，直接告诉孩子哪些事可以做，哪些事不可以做。比如，当孩子打断大人们的谈话的时候，父母就要告诉孩子"打断别人说话是不礼貌的行为"。那么下一次，孩子就不会再犯同样的错误了。

父母在教育孩子懂礼貌的时候，要注意方法，采用一种孩子能够接受的方式进行。这样孩子才会接受，才能懂得，父母的教育才能取得很好的效果。当父母粗暴地阻止孩子的不礼貌行为的时候，孩子一般不会向父母询问"为什么要这样做"，通常他们会直接遵从父母的意愿。表面上看起来，在父母的严格约束和管制之下，孩子学会了礼貌待人，可是实际上，在孩子的内心深处，他并不明白自己为什么要懂礼貌。很多事实也证明了，那些小时候在父母的强迫之下学会礼貌的孩子，长大之后往往会产生叛逆心理，比如故意说脏话、不讲礼貌。在他们看来，讲礼貌更多的是家长对自己的一种要求和需要，而并不是一定要去遵守的做人准则。

大多数的孩子在小的时候，都是乖巧可爱的，懂礼貌，讲文明。可是当这些孩子长大成人之后，一部分孩子仍旧保持着懂礼貌、讲文明的好习惯；而另一部分孩子身上却一点都没有小时候懂礼貌的痕迹了。究其原因，很重要的一点就是——父母在孩子小时候的礼貌教育没有深入孩子的内心，没有让孩子心服口服。父母在教育孩子的时候一定要让孩子懂得，礼节和礼貌是一个人最起码的教养。

教育孩子是要让孩子心服口服，把礼貌当成一种自觉的行为，任何强制孩子学会礼貌的行为，都是没有成效的。所谓的礼貌教育，应当是一阵春风、一阵春雨。深入孩子的内心世界，让孩子学会体味他人的情感，懂得感恩，这才是正确而有效的教育。

父母带着自己的孩子在外面交际的时候，要常常提醒和鼓励孩子使用敬语，如"请""谢谢""对不起"等最常见的礼貌用语。就是在自己家里，也不能忽视对孩子的礼貌教育。很多家长在外面严格要求孩子，回到家之后，却放松了对孩子的要求，认为在家里使用或者不使用敬语都是无所谓的事情，其实，这也是不妥的，讲礼貌应该是随时随地的，必须要让孩子养成这种习惯。

孩子的良好气质，并不在于他在其他人面前如何，而在于这种良好的表现是否能成为孩子的一种习惯。所以，家长在教育孩子讲礼貌、懂文明的时候，首先要让孩子在外面和在家里保持一致。

孩子的模仿能力强，家长表现得怎么样，孩子就会有样学样，如果家长经常对着孩子说笨蛋这个词，孩子有一天也会从嘴里冒出这个词。所以，在孩子面前，家长要注意自己的言行举止。在生活中，父母可以约定，双方之间尽可能用"请""好吗""谢谢""对不起"

之类的言语来表达彼此的需要或者歉意，给孩子树立良好的榜样。耳濡目染，孩子有一天也会像父母一样知书达礼了。

孩子年纪还小的时候，常常分不清什么话应该说什么话不应该说，她就会把自己最亲近、接触最频繁的父母作为模仿的对象。所以，父母在家里要给孩子树立一个良好的榜样，让礼貌文明用语成为孩子的一种习惯。

孩子就像是一棵小树苗，他的成长离不开父母正确的引导和精心的培育。当父母用强制的手段让孩子执行文明礼貌的行为时，就好比是揠苗助长，表面上看是成功了，实际上却是失败的。所以，教育孩子学会礼貌，最好的方法就是引导孩子去体味他人的心情，带领孩子去感悟礼貌所能带来的更加美好的东西。

舅舅给 5 岁的琳琳买了一件包装好的礼物，琳琳满心好奇，连忙用力打开，想看看里面装的到底是什么，妈妈在一边看见了，连忙大声喝止："你在干什么，等一下看不行吗？"其实，琳琳妈妈的态度也是不妥的，教孩子学会礼貌，也不必如此粗鲁，这样只会取得相反的效果。

妈妈其实可以这样对孩子说："舅舅很体贴，也很周到，给你买了这么好的礼物。我们给舅舅打个电话感谢他好不好？如果他知道我们也惦记着他，他一定会很高兴的。"这种教育孩子的方式，要比直接训斥孩子更有效果，也更能让孩子接受。妈妈不仅给了孩子更多的感悟时间，同时还引导孩子要多考虑他人的感受，让孩子明白"自己的感谢，会给对方带去更多的快乐"。让孩子拥有一颗感恩的心，显然要比单纯地学会说"谢谢"要有益得多。

在教育孩子对待客人要礼貌周到的时候. 如果说道理孩子不能明白，不妨让孩子真正体会一下做客人的感受。

王佳和外甥女的关系很亲密。有一次家里来了客人，外甥女却一个劲儿地吵闹，不理会客人的招呼。第二天，外甥女到王佳家里来做客的时候，王佳没有像往日一样用果冻、薯片等好吃的来招待她，而是对她不理不睬。看到小姨这样对待自己，外甥女委屈得眼泪都快掉下来了。这时王佳才对她说："小姨不理你，你是不是不高兴了？那昨天来的那位客人跟你说话，你不理睬她，客人是不是也不高兴呀？"外甥女含着眼泪点了点头。从那以后，家里来了客人，她不但会主动打招呼，有时还会将自己的水果拿出来招待客人。

当孩子学会站在他人的角度思考问题，礼貌问题自然也不再是什么教育难题了。